电工口诀

诊断篇 第二版

甄国涌　商福恭　编著

U0245980

中国电力出版社
CHINA ELECTRIC POWER PRESS

图书在版编目(CIP)数据

电工口诀. 诊断篇/商福恭，甄国涌编著. —2
版. —北京：中国电力出版社，2016.5（2025.2重印）
ISBN 978-7-5123-8952-6

Ⅰ.①电… Ⅱ.①商…②甄… Ⅲ.①电工-基本
知识②电气设备-故障诊断-基本知识 Ⅳ.①TM

中国版本图书馆 CIP 数据核字（2016）第 035443 号

中国电力出版社出版、发行
（北京市东城区北京站西街 19 号 100005
http://www.cepp.sgcc.com.cn）
三河市航远印刷有限公司印刷
各地新华书店经售

＊

2010 年 1 月第一版
2016 年 5 月第二版 2025 年 2 月北京第十次印刷
880 毫米×1230 毫米 64 开本 3.625 印张 137 千字
印数 22001—23000 册 定价 **12.00** 元

内 容 提 要

　　本书以朗朗上口、便于记忆的口诀形式，言简意赅地介绍电气设备诊断基本手段"六诊"中招简功深的成功典型经验。致力于满足电气工作者的需求：当电气设备出现故障时能迅速而准确地判明故障原因、找出故障部位的必备技能。便于读者边学边用、加深理解、心领神会、举一反三，快速成为诊断电气故障的行家里手。主要内容包括：感官诊断快简便；测电笔验灯查判；有的放矢表测判。

　　本书是理论与实践相结合的经典之作，可供从事电工作业的技术工人、工程技术人员学习参考；可指导刚参加工作的电气技术人员进行实践工作；可作为职高技校电工专业的辅导教材。

序　言

中国文化的最高境界不总是超凡脱俗，而是存在于世俗的日常生活当中。口诀是广大劳动人民所喜爱的传统文化，在我国有悠久的历史。各行各业都习惯用口诀来解决某些生产问题，如农业的谚语、中医方剂学中汤头歌诀、商业的珠算口诀等。相对来说，电工行业运用口诀较迟，其原因是电工技术在我国应用历史较短。但随着电力工业的飞速发展，电工行业的队伍日益壮大，电工技术领域中涉及计算问题多、计算过程较繁琐，特别在野外施工时查找图表不方便，致使将一些对计算接触较少、文化程度不高的电工师傅们被排斥在"计算"的大门之外，影响了生产的发展。20 世纪 70 年代末，前辈李西平编写《工厂供电计算口诀》一书，率先介绍电力负荷"口诀式的计算法"。口诀的特点是简单明了，易于诵记，而且一旦记熟就可随时随地具体运用，不再依赖书本或手册。同时，熟练掌握了口诀式计算法的电工师傅们，不仅变不会算为会算，而且对常遇到的较复杂计算问题，往往能够在作业现场见状脱口而出得到数据，且十分实用。故得到广泛应用，久远流传。

与时俱进求发展，培养电工作贡献。近年媒体常报道：高级技工闹饥荒；大学毕业读技校。社会各界都关注：技能型人才短缺；大学毕业求职难。编者将以前出版的《电工实用口诀》《电工口诀三百首》等图书进行整合，冥思苦索速编了《电工口诀（安规篇）、（计算篇）、（诊断篇）、（操作篇）》丛书。

"经验是智慧之父，记忆是知识之母"。电工作业历代人，经验荟萃有绝活。本丛书以朗朗上口、便于记忆的口诀形式，言简意赅地介绍电工作业实践中积累起来的经典经验。新、青年电工诵读记熟后，吸收同行前辈们的经验精华，站在丰富经验之上，电工作业时，定能做到动手前胸有成竹，动起手来轻车熟路，快步跨进高级电工行列。理工科大学毕业生熟读后，不仅领略了传统文化的魅力，而且轻松熟知众多实践经验、技巧和绝活，求职面试考核实际操作问题时有了"过关宝典"，参加工作后有了工作实践指南，同时真正理解了"有经验而无学问胜于有学问而无经验"的含义。理论知识和实际经验就像人的两条腿，只有同样健全，才能走得扎实稳健。

本丛书共同特点：系统学习看全书，重点参考查目录；书前目录章节标题，便是该书内容提要，读者可随时方便地找到需学习或参考的内容。书中独立且完整的小短文，简明扼要、文图相辅而行的阐述某节具体成功经验或绝技，犹如成名高级电工技师亲临讲授解读。本着"教育不是注满一桶水，而是点燃一把火"的精神，书中选编的经典经验、技巧、窍门和绝活，均来之于老电工工作实践，并经再实践活动检验证明：科技含量高；实用价值高；行之有效效益高。读者诵读本丛书，可知其然并知其所以然，从而达到举一反三、触类旁通的效果。

前　言

　　《电工口诀（诊断篇）》于 2010 年 1 月首次出版以来，多次重印，深受广大读者的喜爱，成为电工类畅销书。该书之所以能"走红"，是因为其内容贴近实际、贴近生活、贴近群众，是一本颇具时代感的科技书。该书在编写时从实战、实用要求出发，并在炼字、炼句、炼意、炼格上狠下功夫，以过目成诵、朗朗上口的口诀形式，言简意赅地介绍电气设备诊断基本手段"六诊"中招简功深的成功典型经验，以及灵活运用安全用具测电笔、"自做自用"检验灯诊断查找电气故障的技巧和绝活。承蒙广大读者的支持、鼓励和鞭策，为与时代发展同行，培养新时期的高素质电工做贡献，特对本书进行修订。

　　基于电工对迅速掌握应知应会知识技能的冀求，本次修订在第 1 章"感官诊断快简便"中增添了九个小节：听响声判断电冰箱的故障（听声响判断故障，虽说是一件比较复杂的工作，但只要本着"实事求是"的科学态度，从客观实际情况出发，善于摸索它的规律性，予以科学的研究与分析，就能够诊断出电气设备故障的原因和部位）；区别交、直流电动机（电动机是把电能转变为机械能的拖动设备。早在十九世纪的时候，就已经被用来替代人去做了。电动机的种类很多，但从电源的性质来说，可分为直流电动机和交流电动机两大类）；区别绕线型、笼型三相异步电动机（三相异步电动机具有其他电动机所不能比拟的优点，所以被广泛地应用在工农业生产和其他方面。三相异步电动机的转子分为两种：鼠笼式转子和绕线式转子。二者结构截然不同，即看转子形状型式便可区别绕线型、笼型三相异步电动机）；三相有功电能表所带实际负载的判定（工矿企业单位不论大小均安装有三相有功电能表。看读电能表的转盘常数和每分钟的转盘数，便可求出每小时内的平均有功负载）；家用单相电能表最大允许所带负载的判定（家用单相电能表选用的基本原则是电灯负载与家用电器负荷电流的总和，其上限不超过电能表额定最大电流，下限不低于标定电流的5%。因此电能表最大允许所带负载为：电能表铭牌上标注的最大额定电流×220）；绝缘导线载流量的判定；直埋聚氯乙烯绝缘电力电缆载流量的判定；铝、铜矩形母线载流量的判定；扁钢母线载流量的判定（"看线径速判定常用铜铝芯绝缘导线截面积"小节的说明中，讲述了"个"是单位mm的俗称。电工必须具备肉眼识"个"的本领，如几个粗的导线、几个小的螺栓等。并告诫电工不断锻炼目识"个"的本领，逐步达到判定截面积无误。上述四个小节的口诀，则是帮助电工在现场判定导线截面积的基础上快速判定导线安全载流量的经验判断口诀）。第2章"测电笔验灯查判"中增补：检验灯检测螺口灯头的接线状况（螺口灯头事故多，主要原因是接线错误）。最后一章"有的放矢表测判"中增补：测知配电变压器二次侧电流，判定其所载负荷容量；测知无铭牌380V单相焊接变压器的空载电流，判定其额定容量；测知三相电动机的空载电流，判定其额定容量；测知白炽灯照明线路电流，判定其负荷容量；油浸式电力变压器绕组绝缘电阻的标准值速算（测量绝缘电阻是鉴定变压器绝缘的好坏，判断变压器绕组绝缘体受潮、部件表面受潮或脏污以及内部缺陷等的有效方法之一。绝缘电阻与温度的关系很密切。当温度升高时，绝缘电阻值降低；温度降低时，绝缘电阻值增高。所以用绝缘电阻测量值去衡量变压器的绝缘状况时，需要换算到某一指定温度，才便于比较）。

人总免不了要生病，电气设备也和人一样总要发生故障，没有永远不出故障的设备。人生病有时还可以凭着自身的抵抗力自愈，而各种电气设备出了故障却没有自行修复的能力，只能依靠电工修理。电工若没有高明的医术，即过硬的诊断检修技术，往往无法迅速使设备恢复正常运行，从而影响生产。有些关键设备如果不及时检修，甚至会造成重大损失，严重时还会造成事故。这时，诊断检修工作就像抢救危重病人一样，必须争分夺秒地进行。

在编写本书时，引用了众多电工师傅和电气技术人员所提供的成功经验和资料，谨在此再次向他们表示诚挚的谢意。同时，由于本人水平有限，加之时间仓促，书中缺点错误之处在所难免，恳请读者批评指正。最后希望广大读者也来总结自己的成功经验，提炼出更多的诊断电气故障的口诀，共同促进我国的设备诊断技术的发展。

编　者

第一版前言

　　当今的世界是一个离不开电的世界。随着社会的发展和人民生活水平的提高，电与社会的各项活动和人民的生活越来越密切。可以说，现代社会已经完全依赖于电，电在维持社会和谐、生活稳定等方面是必不可少的；假如没有了电，一切便迅速陷入全面瘫痪。如2008年初大范围雪灾的多米诺骨牌效应显示的：大雪压断输电线路导致电网中断，电气化列车因此无法开行，又使电厂急需的煤炭无法运抵，人员、物资流通受阻，正常生活秩序陷入混乱。作为电力系统的生力军，运筹和驾驭电能的电工，不仅要了解电，与电友好相处，而且应成为医术精湛的"电气设备医生"。

　　"诊断"这个词本来是医学专用名词，是指对人体生理、病理的诊察，判断人体的健康和病情，现在已推广应用到运行中的设备上，形成了设备诊断技术。诊断技术是一个新的科技领域，是一项国内外都在发展的、经济效益显著的技术。所谓现代化诊断技术就是把先进的传感技术、电工仪表、检测技术和计算机技术应用到诊断上来，使诊断更灵敏、准确。如设备的验血术——铁谱分析；设备的心电图——振动频谱分析技术；设备的专用护理仪——微型计算机随机采样技术等。应用现代设备诊断技术是当前的发展方向，但投资较大，且需与管理水平相适应（设备诊断技术既包括诊断用的设备和仪器的研制，也包括诊断方法、数据处理的研究）。目前，许多厂矿企业、广大农村尚不具备广泛应用的条件，绝大多数普通设备还需要应用感官诊断和用便携式仪器仪表辅助检测；同时认为采用日常和定期、定点检查，再加上大、中、小修比较合算。在检测诊断电气设备故障的实践活动中，有理论知识和实际经验的电气工作者参考中医诊断学经典做法，结合电气设备故障的特殊性，总结归纳出电气设备诊断要诀：六诊九法三先后。其中，"六诊"是基本检查手段：口问眼看耳朵听；鼻闻手摸用表测。"九法"是常用的、事半功倍的检测疑难杂症故障的方法：分析、开路、短路法；切割、替换、对比法；菜单、扰动、再现法。"三先后"是经验之谈诊断技巧：先易后难省工时；先动后静查部位；先电源来后负载。简而言之，实践证明"六诊九法三先后"是一套行之有效的电气设备诊断的思想方法和工作方法。

本书以过目成诵、朗朗上口的口诀形式，言简意赅地介绍诊断要诀"六诊"基本手段中招简功深的成功典型经验。致力于满足电气工作者的需求（当电气设备出现故障时，能迅速而准确地判明故障原因、找出故障部位），便于达到边学边用、举一反三，使读者快速成为诊断电气故障的行家里手。《电工口诀（诊断篇）》共3章81小节，81首口诀。第1章　感官诊断快简便。现场感官诊断法，凭五官直观检查，通过问听嗅视触，判定电气故障点。设备发生故障时，常伴随某种症状。询问现场操作人，故障现象及经过，了解设备诸情况，找抓故障众线索。看设备外部状况，形色等有无异常；看有关图纸资料，熟悉其控制原理。听设备运行声响，寻噪声强度差异；使用简单助听器，判准更上一层楼。鼻子靠近检查处，闻闻是否有焦味。摸推拉有关部位，手感温度和振动，以察觉异常变化；手感振动灵敏度，较之听觉还要高。第2章　测电笔验灯查判。安全用具测电笔，灵活运用查故障；区别交流直流电，同相异相中性线；检测电器线绝缘，电路接地和断路。"自作自用"检验灯，身手非凡善诊断：判别静电与漏电，低压电器的好坏；检测电动机绝缘，断相运行等故障；校验单相电能表，照明安装工程等。第3章　有的放矢表测判。仪表测量电参数，与正常数据比较，结合直观检查法，判断确定故障点。电工"眼睛"万用表，测量电压、电阻值；应用钳形电流表，方便测量电流值；使用绝缘电阻表，可检测设备绝缘。熟练巧用常用表，功能倍增绝技多。诊断故障用表测，不同于设备交接，不同于定期试验，检测要有目的性，项目须有选择性，以期达事半功倍。本书列出81小节标题，都是诊断电气设备故障时的常用俗语、具体方法和技巧名称，它们都按序编写在书前目录中，一目了然便于查阅。

　　本书的宗旨，就是要力求跟上社会发展的需要。诊断技术是一项经济效益显著的技术，应大力加以推进和推广。近年媒体多报道：高级技工闹饥荒，大学毕业读技校。社会各界都关注：技能型人才短缺，大学毕业求职难。维修电工是典型脑力劳动和体力劳动相结合的特殊工种，本书是理论与实践相结合的经典之作；咏读记熟"六诊"要诀中 81 首口诀，则可借鉴他人的经验、技巧以帮助自己快速成为医术精湛的"电气设备医生"。理工科大学生求职难，原因之一是没有实际工作经验。本书介绍的"六诊"基本检查手段，则是从实践中总结积累起来的宝贵经验。熟读 81 首口诀，面试考核实际操作问题时，见题脱口而出口诀，可赢得面试的成功。

在编写本书时，引用了众多电气工作者所提供的成功经验和资料，谨在此向他们表示诚挚的谢意。同时，由于本人水平有限，加之时间仓促，书中缺点错误之处在所难免，恳请读者批评指正。最后希望广大读者也来总结自己的成功经验，提炼出更多、更绝的诊断电气故障口诀，共同促进我国的设备诊断技术迅速发展。

编　者

目 录

序言

前言

第一版前言

第1章　感官诊断快简便······················ 1

1-1　电力变压器异常声响的判断 ··············· 1

1-2　听响声判断电冰箱的故障 ················· 4

1-3　用半导体收音机检测电气设备局部放电 ····· 6

1-4　运用听音棒诊断电动机常见故障 ··········· 7

1-5　检查木电杆杆身中空用敲击法 ············· 9

1-6　用根剥头绝缘导线检验发电机组轴承绝缘状况 ··· 10

1-7　中性点不接地系统中单相接地故障的判断 ··· 12

1-8　巡视检查电力电容器 ···················· 15

1-9　用充放电法判断小型电容器的好坏 ········· 16

1-10　识别铅蓄电池极性 ····················· 18

1-11　区别交、直流电动机 ··················· 19

1-12　区别绕线型、笼型三相异步电动机 ······· 21

1-13　刮火法检查蓄电池单格电池是否短路 ····· 23

1-14　抽中相电压法检查两元件三相有功电能表
接线 ································· 24

1-15　三相有功电能表所带实际负载的判定 ······· 28

1-16　家用单相电能表最大允许所带负载的判定 ··· 29

1-17　判断微安表内线圈是否断线 ·············· 32

1-18 根据熔丝熔断状况来分析判断故障 ·············· 33

1-19 根据色环标志来识别电阻大小 ················· 35

1-20 劣质铝心绝缘线识别法 ····················· 38

1-21 看线径速判定常用铜心绝缘导线截面积 ········· 39

1-22 数根数速判定 BXH 型橡皮花线截面积 ·········· 41

1-23 绝缘导线载流量的判定 ····················· 42

1-24 直埋聚氯乙烯绝缘电力电缆载流量的判定 ······· 44

1-25 铝、铜矩形母线载流量的判定 ················ 49

1-26 扁钢母线载流量的判定 ····················· 53

1-27 鉴别白炽灯灯泡的好坏 ····················· 55

1-28 鉴别变压器油的质量 ······················ 56

1-29 滴水检测电动机温升 ······················ 57

1-30 三相电动机未装转子前判定转向的简便方法 ····· 58

1-31 电动机绝缘机械强度四级判别标准 ············ 60

1-32 手感温法检测电动机温升 ··················· 62

1-33 手摸低压熔断器熔管绝缘部位温度速
     判哪相熔断 ···························· 64

1-34 手拉电线法查找软线中间断芯故障点 ·········· 66

第 2 章　测电笔验灯查判 ························· 68

2-1 使用低压测电笔时的正确握法 ················ 68

2-2 使用低压测电笔时的应知应会事项 ············ 69

2-3 测电笔测判交流电路中任意两导线是同相还是
    异相 ································· 72

2-4 测电笔区别交流电和直流电 ················· 73

2-5 测电笔区别直流电正极和负极 ··············· 74

2-6 测电笔测判直流电系统正负极接地 ············ 74

2-7　判断 380 /220V 三相三线制供电线路单相接地
　　　故障 ……………………………………………………… 75

2-8　判断星形连接三相电阻炉断相故障 …………… 75

2-9　判断电灯线路中性线断路 ……………………… 77

2-10　检测高压硅堆的好坏和极性 ………………… 78

2-11　正确使用数显感应测电笔 …………………… 79

2-12　检验灯校验照明安装工程 …………………… 82

2-13　检验灯校验单相插座 ………………………… 88

2-14　百瓦检验灯校验单相电能表 ………………… 91

2-15　灯泡核相法检查三相四线电能表接线 ……… 93

2-16　检验灯检测单相电能表相线与中性线颠倒 … 95

2-17　检验灯检测日光灯管的好坏 ………………… 97

2-18　检验灯检测日光灯的镇流器好坏 …………… 99

2-19　检验灯检测螺口灯头的接线状况 …………… 100

2-20　检验灯测判电源变压器绕组有无匝间短路 … 102

2-21　检验灯检测低压电动机的绝缘状况 ………… 103

2-22　检验灯检测低压三相电动机电源断相运行 … 104

2-23　检验灯监测封闭式三相电热器电阻丝烧断
　　　故障 ……………………………………………………… 107

2-24　检验灯判别静电与漏电 ……………………… 109

第3章　有的放矢表测判 …………………………… 111

3-1　正确使用万用表 ……………………………… 111

3-2　正确运用万用表的欧姆挡 …………………… 115

3-3　万用表测量电压时注意事项 ………………… 118

3-4　万用表测量直流电流的方法 ………………… 121

3-5　直流法判别三相电动机定子绕组的首、尾端 …… 122

3-6　剩磁法判别三相电动机定子绕组的首、尾端 …… 123

3-7　环流法判别三相电动机定子绕组的首、尾端 …… 126

3-8　万用表判判三相电动机转速 ……………………… 127

3-9　检测家庭装设接地保护线的接地电阻 …………… 129

3-10　识别低压交流电源的相线和中性线 …………… 131

3-11　测判晶体二极管极性和好坏 …………………… 132

3-12　检测高压硅堆的好坏 …………………………… 134

3-13　测判电容器好坏 ………………………………… 136

3-14　数字万用表蜂鸣器挡检测电解电容器质量 …… 138

3-15　使用钳形电流表时应遵守的安全规程 ………… 140

3-16　正确使用钳形电流表 …………………………… 142

3-17　钳形电流表测量三相三线电流的技巧 ………… 144

3-18　钳形电流表测量交流小电流技巧 ……………… 146

3-19　检测星形连接三相电阻炉断相故障 …………… 147

3-20　查找低压配电线路短路接地故障点 …………… 148

3-21　检测晶闸管整流装置 …………………………… 150

3-22　测知配电变压器二次侧电流，判定其所载负荷
　　　容量 ……………………………………………… 151

3-23　测知无铭牌 380V 单相焊接变压器的空载电流，
　　　判定其额定容量 ………………………………… 154

3-24　测知三相电动机的空载电流，判定其额定
　　　容量 ……………………………………………… 156

3-25　测知白炽灯照明线路电流，判定其负荷容量 … 158

3-26　测判用户跨相窃电 ……………………………… 159

3-27　使用绝缘电阻表测量绝缘时应遵守的安全
　　　规程 ……………………………………………… 161

3-28　正确使用绝缘电阻表 …………………………… 162

3-29　使用绝缘电阻表检测应注意事项 ⋯⋯⋯⋯ 167

3-30　串接二极管阻止被测设备对绝缘电阻表放电 ⋯ 170

3-31　提高绝缘电阻表端电压的方法 ⋯⋯⋯⋯ 171

3-32　油浸式电力变压器绕组绝缘电阻的标准值
　　　速算 ⋯⋯⋯⋯⋯⋯⋯⋯⋯⋯⋯⋯⋯⋯ 173

3-33　电力变压器的绝缘吸收比 ⋯⋯⋯⋯ 176

3-34　快速测判低压电动机好坏 ⋯⋯⋯⋯ 177

3-35　绝缘电阻表测判高压硅堆的好坏 ⋯⋯⋯⋯ 178

3-36　绝缘电阻表测判自镇流高压水银灯好坏 ⋯⋯ 179

3-37　绝缘电阻表检测日光灯管的质量 ⋯⋯⋯⋯ 181

3-38　绝缘电阻表测判日光灯的启辉器好坏 ⋯⋯⋯⋯ 182

附录　《电工口诀（诊断篇）》 ⋯⋯⋯⋯⋯⋯⋯ 184

第1章

感官诊断快简便

1-1 电力变压器异常声响的判断

口诀

运行正常变压器，清晰均匀嗡嗡响。

配变声响有异常，判断故障点原因。

嗡嗡声大音调高，过载或是过电压。

间歇猛烈咯咯声，单相负载急剧增。

叮叮当当锤击声，穿心螺杆已松动。

噼噼啪啪拍掌声，铁心接地线开断。

间歇发出咻咻声，铁心接地不良症。

绕组短路较轻微，发出阵阵噼啪声。

绕组短路较严重，发出巨大轰鸣声。

高压套管有裂痕，发出高频嘶嘶声。

高压引线壳闪络，噼噼啪啪炸裂声。

低压相线有接地，老远听到轰轰响。

跌落开关分接头，接触不良吱吱响。　　(1-1)

说明

(1) 电力变压器是配电网络最重要的构成部分，目前绝大部分采取户外架空安装（杆上式变台），其成本低、施工迅速、使用方便，但易受各种自然气候条件（如气温、雷、雨、雪、雾、环境污染等）变化的袭击，特别是设置在闹市区或居民聚集区的户外配电变压器若发生异常现象（如放电、爆炸等）会影响人身安全。因此对户外架设的电力变压器，为了保证正常供电，除了应定期进行规定项目的测试检查外，在平常还可通过耳听（有时兼带目测）变压器的声响变化间接判断其运行状况。对变压器运行人员来说，都应该掌握根据变压器发出的声响变化迅速判断故障的方法。

（2）实践证明，电力变压器运行时发出的异常声响是初步判断其故障的最有效也是最简便的诊断手段（耳听诊断可用木棒的一端放在变压器的油箱上，另一端则放在耳边仔细听声音。如果听惯正常时的声音，就能听出异常声音）。本小节诊断口诀给出的是一些常见的异常声响和产生这些声响的可能故障原因，具体参见表 1-1。

表 1-1　　　电力变压器运行时异常声响诊断表

故障源	故 障 情 况	故 障 声
负载与电压	（1）过载	"嗡"声大，音调高
	（2）负载急剧变化	"咯咯"声
	（3）电网电压超过分接头额定电压	"嗡"声变得尖锐
铁心	（1）穿心螺杆松动	"叮当"锤击声与"呼呼"刮风声
	（2）有异物落入铁心上	
	（3）铁心接地线断开	"噼啪"声
	（4）铁心接地不良	"哧哧"间歇声

故障源	故 障 情 况		故 障 声
绕组与线路	(1) 绕组短路:	轻微	"噼啪"声
		严重	轰鸣声（"咕噜咕噜"水沸腾声）
	(2) 高压套管脏污、表面有裂痕或釉质脱落		"嘶嘶"声
	(3) 高压引出线对外壳相互间闪络放电		炸裂声
	(4) 二次侧电力线接地		"轰轰"声
	(5) 跌落熔断器或分接开关接触不良		"吱吱"声

配电变压器在正常运行时，由于铁心是由许多薄硅钢片叠成的，交变的磁通使硅钢片磁致伸缩而发生振动，并通过壳体传出均匀、清晰、有规律的"嗡嗡"响声。

变压器发出的嗡嗡声比平常加重，但无杂音，是由于变压器中性点不直接接地系统发生单相接地时，铁磁共振以及大型电动机起动、短时超负荷、穿越性短路等过电压或过电流引起的变压器响声。当过电压或单相负荷急剧增加时，由于高次谐波分量很大，还会使铁心发生振荡而发出"咯咯"的猛烈间歇声音。

变压器内部发出惊人的"叮叮当当"锤击声，或"呼——呼——"似刮大风的声音，是由于夹紧铁心的螺杆松动，导致松动的各部件在磁场的作用下相互撞击所致。"噼噼啪啪"的声音是由于铁心接地线断开，铁心与机壳之间放电而形成的。"哧哧、哧哧"的间歇声是铁心接地点接触不良。因而在运行中静电压升高，向其周围低电位的夹件或外壳底部放电。有放电声应及时处理，防止事故扩大，避免人身危险或火灾。

变压器内部发出"噼啪"的放电声，这是由于绕组短路，绝缘击穿；如果绕组短路严重时，使短路处严重过热，变压器油局部沸腾而发出"咕噜咕噜"的轰鸣声，且随后就冒烟着火。遇到这种情况应特别引起重视。

"嘶嘶"声，是变压器高压套管脏污、表面釉质脱落或有裂痕而产生的电晕放电所致。此现象在大雾、大雨或阴天时极易发生，且发声时间短促、间断时间不一。或者由于高压引出线离地面距离不足，引起间隙放电。有时还伴有放电火花而发出噼啪炸裂声。

低压相线发生接地故障时，由于对地电流较大，会发出较大的"轰轰"声。当变压器投入运行时，发出较大的"吱吱"声，或是"啾啾"声，有时还造成高压跌落熔断器熔丝烧断。这是由于分接开关未到位，应马上停电处理。

另外，有时会听到较清脆的、连续的或间歇的"唰唰"声。这是变压器外壳与其他外物接触时，因振动相互摩擦撞击而发出的响声。

1-2　听响声判断电冰箱的故障

💡 **口诀**

电冰箱声响异常，故障原因需判断。
有放炮式嘣嘣声，故障冷藏室内找，
方形片状蒸发器，四个小螺钉松动。

压缩机正运行时，正常嗡嗡声除外，

金属管有撞击声，高压消声管断裂。

压缩机在运行时，伴有严重轰轰声，

吊气缸内三弹簧，一根断裂或脱位。 (1-2)

说明 🔍

电冰箱的"嗡嗡"声往往来自于压缩机相接的一段"U"形排气管。该排气管的作用是将压缩后的高温高压的气态制冷剂传输给散热器。考虑到排气管的"热胀冷缩"效应，制造电冰箱时，通常都是将这段排气管弯曲成"U"形。压缩机运转时，"U"形排气管随之产生振动而发声响。这就好比被拨动的琴弦一样，而整个电冰箱就好比一个共鸣箱，将这种声音放大，从而产生"嗡嗡"的噪声。

电冰箱在开始运转或停止运转的几分钟内，往往会发出"咔叭"声。这是由于停机时温度突然下降，高压排气管和冷凝器两者之间温差较大，铜管因热胀冷缩而发出的响声。电冰箱压缩机在停机时产生一种"嗒嗒"声，有时只一下，这种响声来自压缩机内部。其原因是压缩机内有三条弹簧吊着气缸和线圈，用来防震。当压缩机停止工作时会产生一种阻力，由于弹簧的作用，使气缸向两边摆动，产生一种金属碰击声。上述声音均属正常现象。

如果电冰箱内发出放炮式的"嘣嘣"声，那就是非正常现象了。这是因为受刚刚运转或停止时压力的影响，使冷藏室内方形片状蒸发器的四个小螺钉松动，而造成了蒸发器向外扩张或向内收缩而产生的响声。在压缩机运行时，里面伴有严重的金属管撞击声，这也是电冰箱的非正常响声。这是压缩机内高压消声管断裂造成的，必须拆开压缩机，更换高压消声管或焊接断裂处。如果在压缩机运行时，里面伴有严重的"轰轰"声，也属不正常响声。这种响声可能是压缩机内吊气缸的弹簧有一根断裂或脱位，使气缸碰撞压缩机外壳而造成的响声。这时必须拆开压缩机，检查弹簧和更换新弹簧。

1-3 用半导体收音机检测电气设备局部放电

💡 **口诀**

巡视变配电设备，局部放电难发现。
携带袖珍收音机，调到没有电台位。
音量开大听声响，均匀嗡嗡声正常。
倘若响声不规则，夹有很响鞭炮声，
或有很响吱吱声，附近有局部放电。
然后音量关小些，靠近设备逐台测。
复又听到鞭炮声，被测设备有故障，
该设备局部放电，发射高频电磁波。 (1-3)

🔍 **说明**

(1) 日常巡回检查输电线路金具和变配电设备部件上发生的电晕或局部放电，大多采用电测方法。这种测量方法灵敏度和测量精度虽较高，但现有的测试设备较复杂，且大多数工矿、乡镇企业无这种专用仪器。因此电气技术人员、电工只得靠耳听和肉眼观测，劳动强度大，准确性也低。

(2) 长期实践得出，用普通半导体收音机可以很方便地检测电气设备是否有局部放电。因电气设备发生局部放电时，有高频电磁波发射出来，这种电磁波对收音机有一种干扰。因此，根据收音机喇叭中的响声，就可判断出电气设备是否有局部放电。

检测局部放电时，只要打开收音机的电源开关，把音量开大一些，调谐到没有广播电台的位置。携带半导体收音机靠近要检测的电气设备，同时注意收音机喇叭中声音的变化。电气设备运行正常没有局部放电时，收音机发出很均匀的嗡嗡声；如果响声不规则，嗡嗡声中夹有很响的鞭炮声或很响的吱吱声，就说明附近有局部放电。这时可以把收音机的音量关小一些，然后逐个靠近被检测的电气设备。当收音机靠近某台电气设备时上述响声增大，离开这台设备时响声减小，说明收音机收到的干扰电磁波是从该台设备局部放电处发射出来的。

这种用半导体收音机检测设备局部放电的方法，可以检测出电力变压器因出线套管螺杆紧螺母松动而产生的轻微放电；变压器内部的分接开关接触是否良好，有无局部放电；也可用来检查半导体整流励磁的发电机有无局部放电。但对于电刷换向励磁的发电机等电气设备，由于电刷换向时有轻微火花，能发射出电磁波，使收音机分辨不出是否有局部放电。所以，此时此况这种方法不适用。

1-4　运用听音棒诊断电动机常见故障

💡 **口诀**

运用听音棒实听，确定电动机故障。
听到持续嚓嚓声，转子与定子碰擦。
转速变慢嗡嗡声，线圈碰壳相通地。

转速变慢吭吭声，线圈断线缺一相。

轴承室里嘘嘘声，轴承润滑油干涸。

轴承部位咯咯声，断定轴承已损坏。　(1-4)

说明 🔍

(1) 响声是现象，故障是本质。听响声判断故障，就是透过现象看本质。耳听诊断电动机的运转声时，可利用听音棒（一般用中、大旋凿），将棒的前端触在电动机的机壳、轴承等部位，另一侧（旋凿木柄）触在耳朵上（用听诊器具直接接触至发声部位听诊，放大响声，以利诊断，此做法叫实听。用耳朵隔开一段距离听诊，叫做虚听，这两种方法要配合使用）。如果听惯正常时的声音，就能听出异常声音。通过耳诊，结合眼看、鼻闻和手摸，分析归纳可判断出电动机所发生的故障。

(2) 电动机运转时，电流增大，并发出持续的"嚓嚓"声。断开电动机的电源，停机后用手摸机壳上发出"嚓嚓"噪声的地方。如果机壳很烫手，则可初步确定是转子与定子碰擦，即电动机扫膛故障。

电动机运转时，如果发现转速变慢、一相电流显著增加，并发出"嗡嗡"声；运行人员反映近期电动机的一相熔丝经常烧断。断开电动机电源，用手摸机壳，会感到局部地方很烫手。则可初步确定是一相绕组碰壳通地。

电动机运转时，如果转速变慢或运行时突然变慢，发出"吭吭"噪声，并发现一相没有电流。断开电动机的电源，停机后用手摸机壳，会感到机壳四周很烫手。如果再合上电源开关，电动机就很难再运转或根本不能起动。则可断定是绕组断线（也可能是一相熔丝烧断，或开关控制设备一相触点没接通）造成所谓双相运转。

电动机起动时，如果从轴承室发出"嘘嘘"声，甚至冒烟，有焦油味。断开电动机的电源，停机后用手摸轴承外盖，会感到轴承外盖烫手；卸下皮带（或联轴节），双手扳动皮带轮，感觉皮带轮转动不灵活。则可断定是轴承部分润滑油干涸。

电动机运转时，轴承部位发出"咯咯"声。断开电动机控制开关，停机后用手摸轴承外盖。如果发现轴承盖烫手，卸下皮带，双手上下左右地扳动皮带轮，会发现皮带轮特别紧、转动很困难，有轧住现象；或发现轴已松动，将皮带轮转动一下，它会很快地停下来。可断定是轴承损坏。

1-5　检查木电杆杆身中空用敲击法

💡 口诀

　　巡视检查木电杆，杆身四周锤敲击。

　　当当清脆声良好，咚咚声响身中空。　　（1-5）

🔍 说明

（1）木电杆受了外力或导线不平衡张力的影响，发生杆梢歪斜、杆身扭向，使杆路变得畸形。如不及时整修，情况将会越来越坏。检查后，可采用扶正的方法去整修。木电杆栽立以后，由于风化、菌类或虫蚁繁殖等原因，发生腐朽、朽洞、开裂、身中空等现象，使杆路机械强度降低，如不及时修理更换，将会发生倒杆断线的事故。检查后，分别采用加帮桩、更换或截栽的方法来整修。

（2）检查木电杆，要从地面起，由下而上地进行，直到梢部。检查木电杆杆身是否中空，采用敲击法：用小铁锤沿杆身四周敲击，倾听发出的声音，如果发出"当当"的清脆声音，则表示木质良好；如果声音嘶哑，则表示被敲击的地方已腐朽或受风化；如果发出"咚咚"的声音，则表示木电杆杆身中空。对于声音的判别，要经过多次实验，才能正确地掌握。被证实木电杆身中空的电杆，应及时更换。

1-6　用根剥头绝缘导线检验发电机组轴承绝缘状况

💡 **口诀**

发电机组运行时，轴承绝缘巧检验。

用根剥头绝缘线，导线一端先接地，

另端碰触旋转轴，多次轻触仔细看。

产生火花绝缘差，绝缘良好无火花。　(1-6)

🔍 **说明**

（1）发电机在运行中由于磁路不对称及漏磁等原因，在发电机转子轴上会出现称作轴电压的感应电压。轴电压产生的轴电流，将造成轴瓦电腐蚀，以致在轴瓦上出现坑坑洼洼的芝麻状小点，久而久之使轴瓦损坏。为此，除在轴承座底部加装绝缘隔板外，在轴承油管法兰及其螺栓处和轴承壳底脚螺栓处均采用绝缘材料隔开，以防产生轴电流。上述这些绝缘称为发电机组的轴承绝缘。为保证发电机组安全运行，测量发电机组轴承绝缘是一项必不可少的试验项目。每次大修后更必须测轴电压。

（2）如果用绝缘电阻表摇测轴承座对地绝缘，因机座接地一般显示为"0"，因此无法判定轴承绝缘是否良好。如按常规的检验方法：在额定负荷、1/2 额定负荷及无载额定电压的三种情况下测量轴电压，不但需要三个人操作，还得采用高内阻、低量程的 0.5 级交直流电压表及一对铜刷等工具；又由于轴电压数值很小，大约只有 1V，不易测量准确，因此也较难判定轴承的绝缘状况。

对此，现介绍一种鉴别发电机组轴承绝缘的检验方法，具体方法步骤如下：在发电机组运行状态下（发电机不运行时不会有感应轴电压，也就无法检验），用一根绝缘电阻表测试笔或一根剥头绝缘导线，一端接地，另一端在旋转的发电机转轴（在发电机与励磁机之间）上轻轻接触一下，如图 1-1 所示。如果不出现火花，说明绝缘良好；如果产生火花，则说明被测发电机组轴承绝缘不良（用此法时需多次轻轻接触搭试，以免误判断）。此方法也适用于工矿企业对大型同步电动机的轴承进行

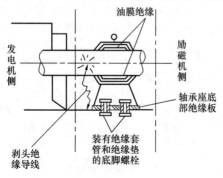

图 1-1　检验轴承绝缘状况示意图

绝缘检测。

1-7 中性点不接地系统中单相接地故障的判断

三相电压谁最大，下相一定有故障。（1-7）

🔍 **说明**

（1）在中性点不接地的三相系统中，正常运行时，三块电压表都应指示正常相电压。如果出现一相电压表指示为零，而另外两相电压表指示为线电压，这时就能马上判断指示为零的那一相接地，而且是金属性接地。这种判断是正确的。因为在正常情况下，中性点是处于大地电位的，而当一相金属性接地时，由于中性点位移，该相电压表就指示为零而另两相的对地电压指示为线电压。

但是，当单相接地故障不属于金属性接地而是电阻性接地时，如果笼统地把电压指示最低相判断为接地相，往往会得出错误的结论。因为在接地程度低于 33.3% 时，接地相的电压指示在三块电压表中不是最低而是处于中间值；若当接地程度为 33.3% 时，有两相电压相等，另一相偏高，这时再按最低相来判断就无法确定了。

（2）要正确判断接地相，首先要知道单相故障接地时三相系统的中性点位移的轨迹，才能得出正确的判断。各相对地的电压由导线与大地之间存在的电容确定。在正常运行时，三相对地电容呈对称性，故电压与电流关系为 $\dot{U}_{OU} + \dot{U}_{OV} + \dot{U}_{OW} = 0$；$\dot{U}_{OU} j\omega\, C_{OU} + \dot{U}_{OV} j\omega\, C_{OV} + \dot{U}_{OW} j\omega\, C_{OW} = 0$。

在图 1-2 所示的电压三角形内，任意选取一点 O'，并假定其处于大地电位，此时电压关系为 $\dot{U}_{O'U} = \dot{U}_{O'O} + \dot{U}_{OU}$；$\dot{U}_{O'V} = \dot{U}_{O'O} + \dot{U}_{OV}$；$\dot{U}_{O'W} = \dot{U}_{O'O} + \dot{U}_{OW}$。

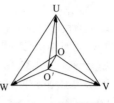

图 1-2　电压三角形

系统通过对地电容流向大地的三个电流为 $(\dot{U}_{O'O} + \dot{U}_{OU})j\omega C_{O'U}$；$(\dot{U}_{O'O} + \dot{U}_{OV})j\omega C_{O'V}$；$(\dot{U}_{O'O} + \dot{U}_{OW})j\omega C_{O'W}$。

如果系统与大地之间没有其他连接，流向大地的电流没有别的归路，则全部电流之和等于零，即

$$(\dot{U}_{OU}j\omega C_{O'U} + \dot{U}_{OV}j\omega C_{O'V} + \dot{U}_{OW}j\omega C_{O'W}) + \dot{U}_{O'O}j\omega \times (C_{O'U} + C_{O'V} + C_{O'W}) = 0$$

移项后得

$$\dot{U}_{OU}j\omega C_{O'U} + \dot{U}_{OV}j\omega C_{O'V} + \dot{U}_{OW}j\omega C_{O'W} = -\dot{U}_{O'O}j\omega \times (C_{O'U} + C_{O'V} + C_{O'W})$$

这是一个基本关系式，它表明三个相电压通过各自的对地电容，向大地输送的电流之和，等于中性点位移电压作用于所有对地电容并联在一起，所产生的电流的负值。其物理意义是：它确定了一个点 O'，在这点上可集中所有对地电容之和，使得它等效于在电压三角形各顶角上的不同电容的分别作用。不难看出，如果三相对地电容相等，则 $\dot{U}_{O'O} = 0$，O' 与 O 重合，这就是正常运行，中性点处于大地电位，不产生位移电压的情况。但如果三相对地电容大小不等，如图 1-3 所示，O' 与 O 点不能重合，O 点不在大地电位上，而移动了一个位移至 O' 点，这时中性点位移电压 $\dot{U}_{O'O} \neq 0$。

（3）假设一条三相架空线路，V 相被树枝碰触，使得原来完全对称的系统在 V 相上附加上一个电阻 R，如图 1-4 所示。这时就会产生不对称电流流经 R 和 C，中性点就从 O 移至大地 O′。由图 1-4 可知，$\dot{U}_{OO'}(\dot{U}_C)$ 与 $\dot{U}_{O'V}(\dot{U}_R)$ 是正交的，因此可得出中性点位移轨迹（即 O′点移动轨迹）为以 OV 为直径的半圆，即以故障相为直径的半圆弧（图 1-5 中 $\dot{U}_{d\phi}$ 为故障相电压）。

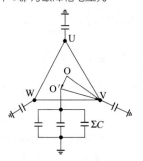

图 1-3 中性点位移图

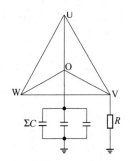

图 1-4 V 相接地示意图

按照图 1-5 的中性点位移轨迹，就可以找出故障接地相的判断规律。在正常运行时，三相电压指示平衡，而当 V 相金属性接地时，移至 V，V 相电压表指示为零，U 相和 W 相电压表指示为线电压；当 O′沿轨迹移动在 $\overset{\frown}{OD}$ 之间时，UO′>VO′>WO′，即 U 相电压表指示最大，V 相电压表指示次之，W 相电压表指示最小；当 O′沿轨迹移动在 $\overset{\frown}{DV}$ 之间时，UO′>WO′>VO′，即 U 相电压表指示最大，W 相电压表指示次之，V 相电压表指示最小；当 O′与 D 重合时，U 相电压表指示最大，而 V 相和 W 相电压表指示都小于 U 相

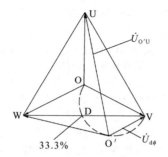

图1-5 中性点位移轨迹

且大小相等。这样就得出一个规律，在$\widehat{OV}$位移轨迹上，U相电压一直高于其他两相，而故障接地相又是 V 相。因此可以作出如下结论：三相电压中以指示值最高相定位，按相序顺序往下推移一相即是故障相。得出判断口诀"三相电压谁最大，下相一定有故障"。

1-8 巡视检查电力电容器

💡 **口诀**

巡视检查电容器，鼓肚漏油温升超。

咕咕声响不正常，内部有放电故障。 (1-8)

🔍 **说明**

（1）电力电容器能补偿电网无功，提高自然功率因数，减少线路能量损耗和线路电压降，提高系统输送功率。用电力电容器作无功补偿时，较其他补偿方式具有便于分散安装的优点，故被广泛采用。用电容器作串联补偿时，可以补偿线路电抗，从而改善电压质量，增加输电能力，提高系统稳定性。

（2）电力电容器在运行中，一般常见故障有外壳鼓肚、套管及油箱渗漏油等。这些都是不正常的运行状态，主要是电容器的温度太高所致。根据规定，电容器在正常环境下，其外壳最热点的温升不得超过 25℃，温升超过 38℃ 以上是绝对不允许的。温升太高的原因除夏季环境温度高、通风不良外，主要原因是电压超过额定值，以致过载发热。当电容器内的油因高温膨胀所产生的压力超出了电容器油箱所能承受的压力时，外壳就膨胀鼓肚甚至裂纹漏油。

电力电容器在运行中不应该有特殊声响，"咕咕"声响说明内部有局部放电现象发生。主要是内部因绝缘介质电离而产生空隙，这是绝缘崩溃的先兆，应该停止运行，进行检查修理。

1-9 用充放电法判断小型电容器的好坏

💡 口诀

> 小型电容器好坏，充放电法粗判断。
> 电容两端接电源，充电大约一分钟。
> 用根绝缘铜导线，短接电容两电极。
> 火花闪亮是良好，没有火花已损坏。　　（1-9）

🔍 说明

在使用小型电容器时，要想知道电容器的好坏，若手头上没有万用表则可用充放电的方法粗略地检查其好坏。

所用的电源一般为直流电(特别是电解电容器等,一定要使用直流电源),电压不应超过被检电容器的耐压值(在电容器上标注着),常用 3~6V 的电池电源。如图 1-6 所示,电容器两端跨接直流电源上,等待 1min 时间后就将电源断开;然后用一段导线,一端与电容器的一个电极相接,另一端点接触电容器的另一个电极,同时注意观看电极与导线头之间是否有放电火花。有放电火花,说明电容器是好的,并且火花较大的电容量也较大;没有放电火花,则说明被检电容器是坏的。

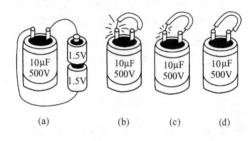

图 1-6 用充放电法判断电容器的好坏示意图
(a) 充电;(b) 放电火花大(好的);
(c) 火花弱(较差的);(d) 无火花(坏的)

对于工作时接在交流电路中的电容器,也可使用交流电源。例如耐压 250V 的电容器,用 220V 交流电源充电大约 1min。然后用根绝缘铜导线短接电容器两极,出现强烈的火花,则说明被检测电容器是好的;若只有微弱的火花产生,则说明电容器容量已变小;若没有火花产生,则该电容器已坏。

1-10 识别铅蓄电池极性

> 铅蓄电池两极性，正负记号看不清。
>
> 极柱颜色来区别，负极青灰正深棕。
>
> 极柱位置上识别，靠厂标牌端正极。
>
> 极柱直径不相同，正极较粗负极细。
>
> 折断锯条划极柱，质较硬的为正极。
>
> 极柱引线插红薯，线周变绿是正极。
>
> 连接极柱两导线，浸入稀硫酸溶液，
>
> 产生气泡端负极，没有气泡端正极。

$$(1-10)$$

说明 🔍

　　固定铅蓄电池是最优良的直流电源，它无脉动成分，在电力供应不十分可靠的城市，蓄电池可提供稳定的直流电能供通信设备之用；在电力系统的继电保护和大中型电子计算机等设备上，蓄电池可作储备电源之用。配套于硅整流发电机的铅蓄电池，若正、负极性接错，会将硅二极管击穿烧坏；同时会使电流表对充、放电的指示相颠倒，而误将放电作充电。因此，识别蓄电池极性很重要。一般蓄电池上均有正(＋或 P)、负(－或 N)记号，记号模糊不清或根本看不见时，通常借助万用表等仪表测试确定。在无任何表具的情况下，可用以下几种方法来识别蓄电池的极性。

（1）从极柱的颜色来区别，呈深棕色的为正极，呈青灰色的为负极。

（2）从位置上区别，靠蓄电池厂牌(外壳)一端的极柱是正极，另一端为负极。

（3）一般蓄电池的极桩的直径，正极大于负极，即以极桩尺寸的大小来加以识别。

（4）用折断端头的一小截锯条片分别在两极柱上划擦，质较硬的为正极，另一端则为负极。但此种方法，只有实践经验丰富的人员方能掌握。

（5）在农村，可将蓄电池两极柱分别连上引线后插在马铃薯或红薯的同一剖面上，导线周围变绿的是正极，另一端为负极。

（6）用导线连接两极柱后浸入稀硫酸或稀盐酸等溶液中，相互之间隔开一点距离。此时导线端上产生气泡的就是负极，另一根导线端头上没有气泡产生的则是正极。

1-11 区别交、直流电动机

💡 口诀

交流直流电动机，无铭牌时判定法。
交流电动机特征：机座上铸散热筋；
定子上看没磁极；一般没有整流子；
电机若有整流子，磁轭硅钢片叠成。
直流电动机特征：定子上看有磁极；
一般都有整流子，铸钢或软铁磁轭。

（1-11）

电动机是交流的还是直流的，一般都在铭牌上写明。如果铭牌已没有，可以从下列三个普通规律来判定。

(1)交流电动机机座上铸有散热筋而直流电动机却没有。因为交流电动机的定子铁心固定在机座内，定子绕组的铜损及定子铁心的磁滞涡流损耗所产生的热量主要通过机座向空气中散发，机壳上铸有散热筋可加大散热面积，降低电动机的温升。直流电动机由于机座内固定的是主磁极，机座内磁通的大小和方向都是恒定的，定子中没有铁损，主磁极间有较大空间，主极线圈产生的热量可较方便地由极间通风散出。所以机座上没有散热筋，这样机座的制造也方便。电枢中的铜损及铁损所产生的热量通过直流电动机端部的开口部分向空气中散发。

(2)无整流子的电动机，只能用于交流电源。

(3)电动机上有整流子，磁轭由铸钢或软铁做成的(见图1-7)是直流电动机；磁轭用硅钢片叠成的是交流电动机。电动机定子上看不到磁极的是交流电动机。

用铸钢或软铁做成的磁轭

磁极

图1-7　直流电动机的磁轭和磁极

1-12　区别绕线型、笼型三相异步电动机

口诀

三相异步电动机，绕线型笼型区别。
绕线型转子绕组，与定子绕组相似。
用绝缘导线绕制，放置在铁心槽中，
三绕组接成星形，尾端并联在一起，
首端接至滑环上，轴上装设三滑环。
鼠笼型转子绕组，与定子绕组不同。
每个转子铁心槽，嵌放一根铜铝条，
槽口处铜铝圆环，短接槽内铜铝条，
构成一导电回路，形状很像松鼠笼。

(1-12)

说明

　　绕线型与笼型三相异步电动机的主要区别在转子上，即看转子形状型式便可识别。绕线型转子的绕组与定子绕组很相似，用绝缘的铜（或铝）导线绕制而成，分成三相绕组，按一定的规律对称地放在转子铁心槽中，三个绕组的尾端一般并联在一起，三个绕组的首端分别接至固定在转子轴上的三个铜（或铁）滑环上（即三相绕组接成星形），再经与滑环摩擦接触的三个电刷与三相变阻器相连接。滑环之间及滑环与转轴之间都应相互绝缘。绕线型三相异步电动机外形和线绕转子如图1-8所示。
　　笼型电动机的转子绕组的结构与定子绕组完全不同，

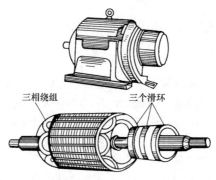

三相绕组   三个滑环

图 1-8 绕线型电动机外形和线绕转子

示意图

每个转子铁心槽内只嵌放一根铜条或铝条,在铁心两端槽口处,由两个铜或铝的端圆环分别把每个槽内的铜条或铝条连接起来,构成一个短接的导电回路。鼠笼型三相异步电动机外形和鼠笼转子如图 1-9 所示。如果去掉转子铁心,

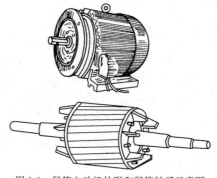

图 1-9 鼠笼电动机外形和鼠笼转子示意图

留下来的短接导线回路结构的形状很像一个松鼠笼，故称鼠笼型绕组，如图1-10所示。目前，国产中小功率的鼠笼型电动机，大都是在转子铁心槽中，用铝液一次性浇铸成铝笼型转子，有的还在端圆环上同时铸出许多叶片，作为冷却用的风扇。为了提高笼型电动机的起动性能，较大功率的电动机，都采用深槽型转子，或双笼型转子，或用高电阻材料做鼠笼导条。

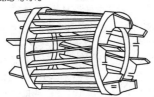

图1-10　鼠笼型转子的
绕组示意图

1-13　刮火法检查蓄电池单格电池是否短路

💡 口诀

蓄电池内部短路，多发生在一两格。
单格电池短路否，常用刮火法检查。
用根较粗铜导线，接单格电池一极，
手拿铜线另一端，迅速擦划另一极。
出现蓝白色火花，被检单格属良好。
红色火花是缺电，没有火花已短路。

(1-13)

蓄电池内部短路故障往往发生在一两个单格电池内，造成供电能力突然丧失。其现象是起动时因某单格电池短路，引起整个蓄电池电压突然下降，已短路的单格有时会在加液盖处喷出一股液柱或涌出电液；放置时已短路的单格电池比重合适，但电压很低或为零；充电时比重和电压增加不大，但温度升高很快。

检查蓄电池单格电池是否短路的简便方法之一是刮火法。用一根直径不小于 1.5mm 的铜线，一端接在某一单格电池的一个极上，手拿铜线另一端与该单格另一极迅速擦划，如出现蓝白色强火花，表明良好；如出现红色火花，表明缺电；如无火花或只有小火星，表明被检查单格电池已短路。

1-14　抽中相电压法检查两元件三相有功电能表接线

💡 **口诀**

三相三线电能表，抽中相电压检查。
负荷不变情况下，断开中相电压线。
观看电能表运转，圆盘正转慢一半。
唯一正确性接线，否则接线有错误。

$$(1-14)$$

说 明 🔍

（1）两元件三相有功电能表俗称三相三线电能表，是工矿企业中常用的有功电能计量表。其接线并不复杂，可是在实际安装接线时往往由于疏忽，容易产生错接。特别是附有电压互感器和电流互感器接线时，接错机会更多。最常见的错误是由于两个电流线圈的极性与相序的接错，造成电能表反转，或虽正转但比正确接线要慢等现象，概括起来错接情况共有 7 种。由这 7 种错接线，加上正确性接线，若把中相电压线断开（图 1-11 中"×"处断开，即把

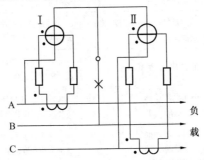

图 1-11　两元件三相有功电能表接线图

两只电压线圈有公共接点的那相电源切断），并观察其断开前后电能表的运转现象，即可得出表 1-2 所列的结果。这样就可用抽中相电压法，并参照表 1-2 来检查两元件三相有功电能表接线的正确性了。

表 1-2　　抽中相电压法检查两元件三相有功电能表

序号	抽中相电压前后电能表的 运转方向及转速	结　　论
1	抽前正转；抽后正转，但转 速较抽前慢一半	接线正确

序号	抽中相电压前后电能表的运转方向及转速	结　论
2	抽前正转；抽后反转，但转速较抽前慢一半	元件Ⅰ、Ⅱ相序接法正确而元件Ⅰ电流极性接反
3	抽前反转；抽后正转，但转速较抽前慢一半	元件Ⅰ、Ⅱ相序接法正确而元件Ⅱ电流极性接反
4	抽前反转；抽后正转，但转速较抽前慢一半	元件Ⅰ、Ⅱ相序接法正确而极性均接反
5	抽前不转；抽后反转	元件Ⅰ、Ⅱ相序接法接反而极性均正确
6	抽前反转；抽后反转，但转速为抽前的1/4	元件Ⅰ、Ⅱ相序接法接错且元件Ⅰ极性接反
7	抽前正转；抽后正转，但转速为抽前的1/4	元件Ⅰ、Ⅱ相序接法接错且元件Ⅱ极性接反
8	抽前不转；抽后正转	元件Ⅰ、Ⅱ相序接法接错且元件Ⅰ、Ⅱ极性均接反

（2）由表1-2所列可见，8种接线中仅1是正确的接线，其他均是错误的。例如，抽中相电压前，电能表在40s内正转20转；抽中相电压后（负荷不变），80s内正转20转，这相当于表1-2中的1所述，则接线是正确的。因为接线正确时，把中相（B相）切断后，元件Ⅰ、Ⅱ的电压线圈变为串联，两端的电压值都降低了一半，两元件中电压与电流间的相位差刚好互换，即Ⅰ元件反映的功率为Ⅱ元件原功率的一半，Ⅱ元件反映的功率为Ⅰ元件原功率的一半，合成功率为原两元件合成功率的一半，所以转数就慢了一半。

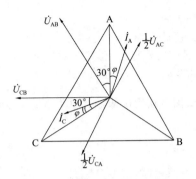

图 1-12 "抽中相电压"前后的相量图

如图 1-11 和图 1-12 所示，假定三相是平衡的(即 U_{AB} $= U_{BC} = U_{CA} = U;I_A = I_B = I_C = I;\cos\varphi_A = \cos\varphi_B = \cos\varphi_C$ $= \cos\varphi$)，则抽中相电压后(即在图 1-11 中断开×处)，Ⅰ元件电压线圈上的电压为 $\frac{1}{2}U_{AC}$；Ⅱ元件电压线圈上的电压为 $\frac{1}{2}U_{CA}$。现将正确接线分析如下：

抽中相电压前电能表的功率为

$$P = U_{AB}I_A\cos(30° + \varphi) + U_{CB}I_C\cos(30° - \varphi)$$

$$= \sqrt{3}UI\cos\varphi$$

抽中相电压后电能表的功率为

$$P' = \frac{1}{2}U_{AC}I_A\cos(30° - \varphi) + \frac{1}{2}U_{CA}I_C\cos(30° + \varphi)$$

$$= \frac{\sqrt{3}}{2}UI\cos\varphi$$

所以 $P = 2P'$。又因为读数 P 与转速 n 成正比例，故 $n = 2n'$。即抽中相电压后转速 n' 较抽前慢一半，且抽中相

· 27 ·

电压前后电能表均为正转。

口诀"否则接线有错误",即说表 1-2 中 2～8 所述,不是"抽前正转;抽后正转,但转速较抽前慢一半"的运转现象,均属错接线。其原理可自行分析。

1-15 三相有功电能表所带实际负载的判定

根据公式

$$P = \frac{60N}{C}$$

式中 P ——每小时内的平均有功负载,kW;

N ——电能表每分钟实际盘转数,r/min;

C ——电能表常数,r/(kWh)。

得出估算口诀:

💡 **口诀**

> 三相有功电能表,所带负载千瓦值:
> 一分钟内盘转数,除以常数乘六十。

(1-15)

🔍 **说明**

工矿企业单位不论大小均安装有三相有功电能表,但功率表却不是户户均安装。对此可利用公式算出三相有功电能表所带实际三相负载,即已知三相有功电能表的转盘常数 C 和每分钟实际转数 N,就可求算出每小时内的平均有功负载 P。$P = \frac{60N}{C}$ (kW),即口诀"一分钟内盘转数,除以常数乘六十"。看读三相有功电能表每分钟的转盘转数，快速估算出电能表所带平均有功负载千瓦数是厂矿电工应知应会的技能。

【例1】 某厂装置的三相有功电能表，常数 C 为 2500，即每千瓦小时的盘转数，读得每分钟的实际转数为 300，求算该三相有功电能表所带实际负载。

解 根据口诀（1-15）得

$$平均有功负载 = \frac{60 \times 300}{2500} = 7.2 \, (kW)$$

1-16 家用单相电能表最大允许所带负载的判定

根据公式

$$P_{m,b} = 220 I_{m,b} = 220 \times 2 I_n = 440 I_n$$

$$P_{m,h} = 220 I_{m,h} = 220 \times 4 I_n = 880 I_n$$

式中　$P_{m,b}$ ——常规电能表最大允许所带负载，W；

$P_{m,h}$ ——宽负载电能表最大允许所带负载，W；

$I_{m,b}$ ——常规电能表额定最大电流，A；

$I_{m,h}$ ——宽负载电能表额定最大电流，A；

I_n ——电能表的标定电流，A。

得出计算口诀：

💡 **口诀**

家用单相电能表，允许最大负载瓦。

功率因数等于一，标定电流乘系数。

常规电表四百四，宽负载表八百八。

$$(1-16)$$

说明 🔍

(1) 随着社会的进步、人民生活水平的提高，现代化的家用电器，诸如电冰箱、电视机、电风扇、电热毯等，已不同程度地进入了各个家庭。常规的家用单相电能表，如 DD28 系列单相电能表 2（4）、2.5（5）、3（6）、5（10）A 已经不能满足新形势下的要求。这是因为大量的家用电器在同时工作的情况下，小容量的电能表已无法承受这种大电流的工作状态，即使偶然没有烧坏，计量数也比实际值大大偏低。如果选用大容量的电能表，如 5（10）A，则在小电流情况下又无法启动（电能表容量与启动电流有关，一般启动电流为标定电流的 0.5%）。这两种情况都将影响电能计量的准确性。为了在负载变化大的情况下能准确计量，就必须采用宽负载（宽幅）电能表，如 DD862-4F 系列单相电能表 1.5（6）、2.5（10）、3（12）、5（20）、10（40）A（其额定最大电流为标定电流的 4 倍）。这种电能表是在普通电能表结构的基础上进行设计的，使用和接线的方法相同。

(2) 家用单相电能表选用的基本原则是电灯负载与家用电器负荷（电流）的总和，其上限不超过电能表额定最大电流，下限不低于标定电流的 5%。因为超出这个范围将影响计量的准确性及安全运行。按照这个原则，可计算出家用单相电能表所带负载不应小于 $P_{min} = 220 I_n \times 5\% = 11 I_n$（W）。而电能表最大允许所带负载（阻性）：常规电能表 $P_{m,b} = 220 I_{m,b} = 220 \times 2 I_n = 440 I_n$（W）；宽负载电能表 $P_{m,h} = 220 I_{m,h} = 220 \times 4 I_n = 880 I_n$（W）。此电能表最大允许所带负载值是有条件的，其负载功率因数 $\cos\varphi = 1$。

【例1】 某住宅装置 DD28 型单相电能表，标定电流为 2.5（5）A，求算该电能表最大允许所带阻性负载。

解 根据口诀（1-16）得

电能表最大允许所带负载＝440×2.5＝1100（W）

即该住户只能同时使用 5 盏 60W 白炽灯，1 只 800W 电炉。

【例2】 某居民住宅装置 DD862-4F 型单相电能表，标定电流为 2.5（10）A，求算该电能表最大允许所带阻性负载。

解 根据口诀（1-16）得

电能表最大允许所带负载＝880×2.5＝2200（W）

即该住户可以同时使用 5 盏 40W 白炽灯，2 只 1kW 电炉。

（3）家用电器一般分为阻性电器和感性电器，这两种负载计算方法不同。纯阻性电器，如白炽灯、电炉、电熨斗、电饭锅等，其功率因数 $\cos\varphi=1$。而感性电器，如荧光灯（$\cos\varphi=0.5$）、彩电（$\cos\varphi=0.8$）、洗衣机（$\cos\varphi=0.92$）等，其功率因数 $\cos\varphi<1$。口诀（1-16）所计算的电能表最大允许负载值是在所带负载功率因数 $\cos\varphi=1$ 的情况下，当电能表所带负载功率因数 $\cos\varphi<1$ 时，电能表允许的最大用电功率也下降了。如 $\cos\varphi=0.8$ 时，标定电流为 2.5（5）A 的 DD28 型电能表，最大允许负载 $P_{m,b}=440×2.5×0.8=880$（W），即用电设备的总功率不能超过 880W；当 $\cos\varphi=0.5$ 时，标定电流为 2.5（5）A 的电能表最大允许负载 $P_{m,b}=440×2.5×0.5=550$（W）。所以，校核家用单相电能表容量是否够用时，不仅要统计或计算同时使用的电器总功率，还要充分估计到负载功率因数 $\cos\varphi$

的情况（$\cos\varphi < 1$ 的程度）。

1-17 判断微安表内线圈是否断线

💡 口诀

微安表线圈通断，万用表不能测判。

微安表后接线柱，铜铝导线短接好。

然后摇动微安表，同时看表头指针。

缓慢摆动幅度小，表内线圈则完好。

较快大幅度摆动，表内线圈已断线。

$$(1\text{-}17)$$

🔍 说明

（1）微安表是磁电系仪表，表内线圈用很细的导线绕成。其允许通过的电流值只有几十到几百微安，且过载能力很小。而万用表的欧姆挡在测量电阻时，可以输出几毫安到几十毫安的电流，要比微安表线圈允许通过的电流大得多。若用万用表的欧姆挡直接测量微安表线圈的内阻（即通断）时，由于较大的电流通过表内线圈，则可能将微安表烧坏。所以，不允许用万用表的欧姆挡直接测量微安表内线圈通断。

（2）判断一块微安表内线圈是否断线的简便方法，是将微安表后面的两个接线柱用铜铝导线短接，然后摇动微安表，使线圈切割磁钢磁场。如果表内线圈完好，则能产生短路电流，起到阻尼作用，使表头指针缓慢而小幅度地摆动；反之，如表内线圈已断线，则线圈内无短路电流，不起阻尼作用，因此指针较快地大幅度摆动。

1-18 根据熔丝熔断状况来分析判断故障

💡 **口诀**

看熔丝熔断状况，判断线路内故障。
外露熔丝全熔爆，严重过载或短路。
熔丝中部断口小，正常过载时间长。
压接螺钉附近断，安装损伤未压紧。

(1-18)

说明 🔍

（1）熔断器在电路中主要起短路保护作用。熔断器熔体在短路电流下会熔断。另外，当熔体氧化腐蚀或安装时，机械损伤使熔体截面变小，或者周围介质温度偏高，或者过负荷均能使熔体熔断。所以，更换熔体时可根据熔体熔断状况来判断故障原因是短路电流还是过负荷所造成的，以便采取迅速而有效的检查或排除故障的办法。

熔丝外露部分全部熔爆，仅螺钉压接部位有残存。这是因为中间部位导体截面积小，不能承受强大的瞬时电流冲击，因而在此部位烧断，熔丝全部汽化。由此可判定线路或用电器发生了短路或严重过载故障。此时应彻底查明故障点，不可盲目地加大熔丝，以免造成更大的危害。

熔体的中部产生较小的断口是因为通过熔丝的电流较长时间超过其额定值，熔丝两端的热量可经过压接螺钉散发掉，而中间部位热量聚集不散以致熔断。因此可判定是线路长时间过载。此时应查明过载原因，并核实熔丝选择是否正确。

熔丝断口在压接螺钉附近，且断口较小。这种状况下往往可以看到螺钉变色，产生氧化现象。这是由于压接不紧，或螺钉松动，或安装时（拧螺钉时）已损伤到熔丝所致。此时应清理（或更换）螺钉，重新压接相同容量的熔丝。

（2）表1-3是玻璃管密封型熔断器熔丝烧断的状况（型号为 BGXP 型 $\phi5 \times 20,0.5 \sim 5A$；BGDP 型 $\phi6 \times 30,0.5 \sim 20A$）。当有短路电流通过时，熔丝几乎全部熔化；当长时间通过略大于额定电流的电流时，熔丝往往中间部分熔断，但不伸长，且熔丝汽化后附着在玻璃管壁上；当有 1.6 倍左右额定电流反复通过使之熔断时，熔丝往往一端熔断并伸长；当有 2～3 倍额定电流反复通过使之熔断时，熔丝中间熔断并汽化，无附着现象；通电时的冲击电流使熔丝在金属帽附近某一端熔断。

表1-3　　玻璃管密封型熔断器熔丝烧断的状况

现　　　象		粗略分析烧断原因
	熔丝几乎全部熔化	有大电流通过
	熔丝在金属帽附近烧断	通电时的冲击电流引起
	熔丝中间部分被烧断，但不伸长，熔丝汽化后附着在玻璃上	长时间通过略大于额定值的电流

现　　象		粗略分析烧断原因
	熔丝在中间部分烧断并汽化，但无附着现象	有 2～3 倍的额定电流反复通过和断开
	熔丝烧断并伸长	有 1.6 倍的额定电流反复通过和断开

1-19　根据色环标志来识别电阻大小

💡 **口诀**

成品小型电阻器，色环标称电阻值。

色环第一环确定，靠近电阻边缘环。

最末一环为偏差，倒数二环是倍数，

其余色环阻值环，表示阻值有效数。

色标颜色代表数，倍数十的次方值。

棕红橙黄绿蓝紫，一二三四五六七，

灰八白九黑为零，金一银二负倍数。

(1-19)

🔍 **说明**

（1）电阻器的技术参数，主要有标称电阻值、允许偏差、标称功率、最高工作电压、稳定性和温度特性等，一般用途的电阻器只考虑前三项。这些指标一般直接标注在电阻器的表面上,对于成品小型电阻器则使用色环标志在电阻器的表面。采用色环标志的电阻器,颜色醒目,标志清晰,不易褪色,从各方向都能看清阻值和偏差,有利于电气设备的装配、调试和检修工作,因此在国际上广泛采用色环标志法。

（2）采用色环来表示电阻器的标称电阻值、允许偏差两个参数的规定如下:

1）色环的个数最少为 3 个,最多为 7 个,一般是 5 个（见图 1-13）和 4 个（见图1-14）。颜色有 12 种之多。靠电阻器的一端排列。辨别这种电阻器时,面对电阻器,使有色环的一端在左边,从左到右排列序号,即最左边的一个色环为第一环（仔细观察电阻两端的色环,有一个色环离电阻器的边缘更近一些,这就是第一环）,如图 1-13 和图 1-14 所示。从后向前数,即从右向左数,第一个色环表示允许偏差（误差环）,第二个色环表示阻值的倍数,其余色环（阻值环）表示阻值的有效值。

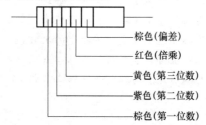

图 1-13　电阻器色环标志法

2）12 种不同颜色的色环标志与相应代表的数值见表 1-4。从表 1-4 中可以看出:银色和金色不表示电阻器的具体

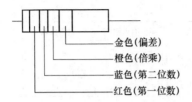

图 1-14　使用色环表示电阻值及允许偏差

阻值数值；在表示电阻值的倍数时分别为 1/100 和 1/10，都是将电阻的阻值有效数值缩小；在表示偏差时，分别为±10%和±5%，是所有的色环标志偏差中（除白色之外）最大的两个。其余的颜色排列顺序基本符合彩虹七色光的排列顺序，只是最前面加了一个黑色和一个棕色，后面加了一个灰色和白色，中间没有青色。从反射光的理论来讲，黑色是完全不反射，白色是全反射。用这一道理来记忆这 10 种颜色所代表的阻值有效数字和倍数的 10 的指数就简单了，黑色为 0（10 的指数为 0），白色为最大数 9（10 的指数为 9）。

表 1-4　　　　色环标志与相应代表的数值

色标颜色	阻值有效数字	阻值倍数	允许偏差（%）
银	—	10^{-2}	±10
金	—	10^{-1}	±5
黑	0	10^{0}	—
棕	1	10^{1}	±1
红	2	10^{2}	±2
橙	3	10^{3}	—
黄	4	10^{4}	—

続表

色标颜色	阻值有效数字	阻值倍数	允许偏差（%）
绿	5	10^5	±0.5
蓝	6	10^6	±0.2
紫	7	10^7	±0.1
灰	8	10^8	—
白	9	10^9	+50，−20

例如，阻值为17400Ω、允许偏差±1%的电阻器，其表示方法如图1-13所示；阻值为26000Ω、允许偏差±5%的电阻器，其表示方法如图1-14所示。

（3）除电阻值之外，选择应用电阻器还有一个技术参数是额定功率，一般用W作单位，它决定该电阻保证正常工作时（温升或温度不超过规定值）可通过的电流值。例如，一个$R=500Ω$、额定功率$P_n=5W$的电阻器，所能通过的额定电流$I_n=\sqrt{\dfrac{P_n}{R}}=\sqrt{\dfrac{5}{500}}=0.1(A)$。

实际应用时，一般是先知道要通过的电流I_n，再计算出要求的额定功率值P_n，由此选择合适的电阻器。此时，$P_n=I_n^2R$。计算口诀为"选用电阻功率瓦，电流平方乘阻值"。

1-20 劣质铝心绝缘线识别法

💡 口诀

塑料绝缘铝心线，看摸芯皮识优劣。
芯线柔软银白色，劣质较硬色发乌。
外皮色艳印厂名，劣质陈旧无标识。

外皮芯线接触紧，劣质套大芯小松。

(1-20)

说明 🔍

铝心聚氯乙烯绝缘电线，俗称塑料绝缘铝心线，是安装、维修工作中常用的绝缘导线。识别劣质铝心绝缘电线的方法如下：

（1）内芯。优质铝线线芯为银白色，柔软；劣质铝心绝缘电线线芯颜色发乌，较硬。若进行接线试验，劣质铝心绝缘电线的缺陷则暴露无遗，其硬如钢丝，稍短的线头根本无法绞合。

（2）外观。优质铝心绝缘线外皮颜色较艳，并打印有生产厂家名称或型号；而劣质铝心绝缘电线外观陈旧，根本无厂名、型号等标识。

（3）包皮。优质铝心绝缘线外包皮与芯线接触紧密；而劣质铝心绝缘线线皮与芯线接触很松，套大芯小。

（4）长度。优质铝心绝缘线每盘长度误差一般在 1%～2%；而劣质铝心绝缘线每盘长度误差一般达 10%～20%。

1-21 看线径速判定常用铜铝心绝缘导线截面积

💡 **口诀**

导线截面积判定，先定股数和线径。

铜铝导线单股芯，一个多点一平方，

不足个半一点五，不足两个二点五，

两个多点四平方，不足三个六平方。

多股导线七股绞，再看单股径大小，

不足个半十平方，一个半多粗十六，

两个多粗二十五，两个半粗三十五。

多股导线十九股，须看单股径多粗，

一个半是三十五，不足两个是五十，

两个多点是七十，两个半粗九十五。

多股导线三十七，单股线径先估出，

两个粗的一百二，两个多的一百五。(1-21)

说 明

(1)一般常用绝缘导线有橡皮绝缘导线和聚氯乙烯绝缘导线(俗称塑料线)，不论哪种，看其成品外径，均不易判定导线截面积是多少。两三个相连排的导线等级标称截面，其外径相差很小，仅 $1\sim 2mm$，特别是经过运行的绝缘线、两靠近的等级标称截面积导线，用肉眼几乎看不出差异。判定绝缘导线的截面积是电工特别是维修电工应知应会的技能，也是电工经常遇到和需解决的工作。本小节口诀是帮助电工尽快学会快速判定铜铝心绝缘导线截面积的经验判断口诀，也可以说是在现场判定导线截面积的有效可行方法。

(2) 口诀(1-21)是根据绝缘导线的线芯结构，即股数和单股线直径来判定导线的截面积等级的。为此，须记住导线截面积 mm^2 等级，见表 1-5 所列 $1\sim 150mm^2$ 常用的 14 个等级截面积数值。同时应清楚导线单股直径与截面积的关系：$A = \pi d^2 / 4 \approx 0.8d^2$；多股绞线的截面积是各单股截面积之和，即 $A_n = n\pi d^2 / 4 \approx 0.8nd^2$。口诀中的"个"则是单股线直径的单位 mm 的俗称（工矿企业中一直沿用这个俗称，即 1mm 就是 1 个。且电工必须具备肉眼识"个"的本领，如几个粗的线、几个粗的螺栓等）。口诀中的"多点"和"不足"，两者均是差 0.1mm 或 0.2mm 的意思。

表 1-5　常用铜铝心绝缘导线截面积及其相对应的线芯结构

导线标称截面积(mm²)	1	1.5	2.5	4	6	10	16	25
线芯 股数	1	1	1	1	1	7	7	7
结构 单股直径(mm)	1.13	1.37	1.76	2.24	2.73	1.33	1.68	2.11
导线标称截面积(mm²)		35		50	70	95	120	150
线芯 股数	7		19	19	19	19	37	37
结构 单股直径(mm)	2.49		1.51	1.81	2.14	2.49	2.01	2.24

（3）"一个多点一平方"是说单股芯线径是 1mm 多点的导线，该导线的截面积是 1mm²；"不足个半一点五"是说独股线径为 1.3mm 或 1.4mm 的导线，其截面积是 1.5mm²。每句口诀的前半句是独股线径，后半句是相对应的导线截面积。"多股导线七股绞，再看单股径大小，不足个半十平方，一个半多粗十六"说的是绝缘线的线芯结构由 7 股组成，单股线径不足 1.5mm 的绞线截面积是 10mm²；单股线径 1.5mm 多的绞线截面积是 16mm²。"两个多粗二十五"、"两个半粗三十五"均是说线芯结构由 7 股组成时，单股线径多少"个"，导出后面绞线截面积。总之，本小节判断口诀须熟记，不断锻炼目识"个"的本领，逐步达到判定截面积无误。

1-22　数根数速判定 BXH 型橡皮花线截面积

💡 口诀

花线截面判定法，数数铜线的根数。

一十六根零点五，二十四根点七五。

三十二根一平方，一十九根一点五。(1-22)

说明 🔍

BXH 型橡皮花线是一种软线，它的芯线由多根细铜丝组成，用棉纱裹住，外面是橡胶绝缘层和棉纱织物保护层。其可供干燥场所作移动或受电装置接线用，线芯间额定电压 250V，最常见是作为吊式电灯的挂线（用链吊或管吊的屋内照明灯具，其灯头引下线可适当减少截面积），即挂线盒与灯头的连接线。如表 1-6 所列，BXH 型橡皮花线的芯线由多根细铜丝组成，单根铜线直径只有 0.2mm 和 0.32mm 两种。用肉眼无法识别两者粗细，即目识"个"的本领无法应用，而且 BXH 型橡皮花线的外表几乎一样。故在现场判定花线截面积等级，只有把其绝缘外皮剥去一段，数数铜丝的根数：线芯由 16 根铜丝构成的花线，其截面积是 0.5mm²；线芯由 24 根铜丝构成的花线，其截面积是 0.75mm²；线芯由 32 根铜丝构成的花线，其截面积是 1mm²；线芯由 19 根铜丝构成的花线，其截面积是 1.5mm²。

表 1-6 　　　　　　　BXH 型橡皮花线规格

线芯数及标称截面积(mm²)		2×0.5	2×0.75	2×1.0	2×1.5
线芯结构	铜线根数	16	24	32	19
	单根线直径(mm)	0.20	0.20	0.20	0.32
	线芯直径(mm)	0.94	1.2	1.30	1.60

1-23　绝缘导线载流量的判定

铝芯绝缘线载流量与截面积的倍数关系见表 1-7。

表 1-7   铝芯绝缘线载流量与截面积的倍数关系

导线截面积 （mm²）	1	1.5	2.5	4	6	10	16	25	35	50	70	95	120
载流量/ 截面积 （倍数）		9		8	7	6	5	4	3.5		3		2.5
载流量 （A）	9	14	23	32	42	60	90	100	123	150	210	238	300

得出估算口诀：

💡 **口诀**

> 绝缘铝线满载流，导线截面乘倍数。
> 二点五下乘以九，往上减一顺号走。
> 三十五乘三点五，双双成组减点五。
> 条件有变打折算，高温九折铜升级。
> 穿管根数二三四，八七六折满载流。

(1-23)

🔍 **说明**

（1）本节口诀对各种绝缘线（橡皮和塑料绝缘线）的载流量（安全电流）不是直接指出的，而是用截面乘上一定的倍数来表示，通过心算而得的。由表 1-7 中可以看出：倍数随截面积的增大而减小。

"二点五下乘以九，往上减一顺号走"说的是 2.5mm² 及以下的各种截面积铝芯绝缘线，其载流量约为截面积的 9 倍。如 2.5mm² 导线，其载流量为 2.5×9＝22.5（A）。

4mm^2 及以上的导线载流量和截面积数的倍数关系是顺着线号往上排,倍数值逐次减 1,即 $4×8$、$6×7$、$10×6$、$16×5$、$25×4$。

"三十五乘三点五,双双成组减点五"说的是 35mm^2 的导线载流量为截面积数的 3.5 倍,即 $35×3.5=122.5$(A)。50mm^2 及以上的导线载流量与截面积数之间的倍数关系变为两个线号成一组,倍数依次减 0.5。即 50、70mm^2 导线的载流量为截面积的 3 倍;95、120mm^2 导线载流量是截面积的 2.5 倍,依此类推。

"条件有变打折算,高温九折铜升级"是铝芯绝缘线明敷在环境温度 25℃的条件下而定的。如果铝芯绝缘线明敷在环境温度长期高于 25℃的地区,导线载流量可按上述口诀计算,然后再乘以 0.9 即可;当使用的不是铝芯线而是铜芯绝缘线,它的载流量要比同规格铝线略大一些,可按上述口诀方法算出比铝线加大一个线号的载流量。例如,16mm^2 铜线的载流量可按 25mm^2 铝线计算。

"穿管根数二三四,八七六折满载流"说的是绝缘导线穿管配线时,随着管内导线根数的增多,导线的载流量变小。具体估算方法是:先视为导线明敷,用口诀计算出结果后,再按同管内穿线根数的多少,分别打一折即得其载流量。例如一根管内穿 2 根线,再乘以 0.8;穿 3 根线或 4 根线时,分别乘以 0.7 和 0.6。

(2)500V 绝缘导线长期连续负荷允许载流量见表 1-8。

1-24　直埋聚氯乙烯绝缘电力电缆载流量的判定

直埋聚氯乙烯绝缘电力电缆载流量与截面积的倍数关系见表 1-9。

表 1-8

500V 绝缘导线长期连续负荷允许载流量

导线截面 (mm²)	载流量	导线明敷设						导线穿管（铝芯）					
		铝芯				铜芯		橡皮			塑料		
		25℃		30℃		25℃		铁管内线根数			铁管内线根数		
		橡皮	塑料	橡皮	塑料	橡皮	塑料	2	3	4	2	3	4
2.5	10	27	25	25	23	35	32	21	19	16	20	18	15
4	8	35	32	33	30	45	42	28	25	23	27	24	22
6	7	45	42	42	39	58	55	37	34	30	35	32	28
10	5.9	65	59	61	55	85	75	52	46	40	49	44	38
16	5	85	80	80	75	110	105	66	59	52	63	56	50
25	4.2	110	105	103	98	145	138	86	76	68	80	70	65
35	3.7	138	130	129	122	180	170	106	94	83	100	90	80
50	3.3	175	165	164	154	230	215	133	118	105	125	110	100
70	2.9	220	205	206	192	285	265	165	150	133	155	143	127
95	2.6	265	250	248	234	345	325	200	180	160	190	170	152
120	2.58	310	—	290	—	400	—	230	210	190	—	—	—
150	2.4	360	—	337	—	470	—	260	240	220	—	—	—

表 1-9 　　　　直埋聚氯乙烯绝缘电力电缆载流量与
截面积的倍数关系

电缆主线芯截面积(mm²)	4	6	10	16	25	35	50	70	95	120	150	185
$\dfrac{载流量}{截面积}$ (倍数)	7	6	5	4	3.5	3	2.5		2		1.5	
载流量 (A)	28	36	50	64	88	105	125	175	190	240	225	278

得出估算口诀:

💡 口 诀

　　直埋电缆载流量,主芯截面乘倍数。

　　铝芯四平方乘七,往上减一顺号走。

　　二十五乘三点五,三十五乘整数三。

　　五七七十二点五,双双成组减点五。

　　铜芯电缆载流量,铝芯载流一点三。

$$(1-24)$$

🔍 说 明

　　(1) 聚氯乙烯绝缘电力电缆采用一次挤出型固态绝缘,其适用于交流 50Hz、额定电压 6kV 的输配电线路,具有良好的电气性能,耐酸、耐碱、耐盐、耐有机溶剂,电缆敷设不受落差限制,质量轻,安装维护简单等。故聚氯乙烯绝缘电力电缆适用于直埋敷设。

电缆直埋敷设比其他敷设方式简单、方便、投资省、电缆散热条件好、施工周期短。电缆直埋敷设常用于室外无电缆沟贯通的场所。电缆线路埋设在地下,不易遭到外界的破坏和受环境影响,故障少,安全可靠。

(2) 本节口诀对聚氯乙烯绝缘电力电缆直埋地敷设的载流量不是直接指出的,而是用截面乘以一定的倍数来表示,通过心算而得的。由表 1-9 可以看出:倍数随线芯截面积的增大而减小。这是因为电缆越细,散热越好,可取较大倍数值;电缆越粗,则取较小值。

"铝芯四平方乘七,往上减一顺号走"说的是聚氯乙烯绝缘电力电缆主线芯 4mm² 时,其载流量约为截面积的 7 倍,即 4×7=28 (A)。4mm² 及以上主线芯的载流量和截面积的倍数关系是顺着线号往上排,倍数逐次减 1,即 6×6、10×5、16×4。

"二十五乘三点五,三十五乘整数三"说的是电缆主线芯是 25mm² 时,其载流量约为截面数的 3.5 倍 [25×3.5=87.5≈88 (A)];电缆主线芯是 35mm² 时,其载流量约为截面数的 3 倍 [35×3=105 (A)]。

"五十七十二点五,双双成组减点五"说的是电缆主线芯截面积是 50mm² 和 70mm² 两个线号成一组,其载流量约为截面积的 2.5 倍 [50×2.5=125 (A),70×2.5=175 (A)]。由此开始,其载流量与截面积之间的倍数关系变为两个线号成一组,倍数依次减 0.5。即 95、120mm² 主线芯的载流量为截面积的 2 倍 (2.5-0.5=2);150、185mm² 主线芯载流量是截面积的 1.5 倍。

"铜芯电缆载流量,铝芯载流一点三"说的是铜芯聚氯乙烯绝缘电力电缆,它的载流量是同规格铝芯电缆载流量的 1.3 倍。即按上述口诀方法算出铝芯电缆载流量的数值后，再乘以 1.3 倍系数，就是铜芯聚氯乙烯绝缘电力电缆的载流量。如主线芯 10mm² 铝芯电缆载流量为 10×5＝50 (A)，则主线芯 10mm² 铜芯电缆载流量为 50×1.3＝65 (A)；主线芯 16mm² 铝芯电缆载流量估算为 16×4＝64 (A)，主线芯 16mm² 铜芯电缆载流量则为 64×1.3＝83.2 (A)。

(3) 聚氯乙烯绝缘电力电缆直埋地敷设的载流量见表 1-10。由表 1-10 可看出，用口诀（1-24）估算得直埋电缆载流量均比直埋电缆允许载流量少一点。原因：① 口诀估算值考虑到电缆负荷不应超过允许载流量，过负荷对电缆的安全运行危害极大；② 口诀估算值是在埋电缆的土壤温度为 25℃时的载流量，而埋设电缆处的土壤温度在夏天均在 28℃左右。若依表 1-10 中"30℃"栏所列允许载流量数值比较，则就不显得少一点了。另外，由于电缆发热造成土壤失去水分，降低了电缆的散热能力，故大截面积的载流量应偏小。

表 1-10　　聚氯乙烯绝缘电力电缆直埋地
敷设的载流量（θ_e＝65℃）　　　　A

主线芯截面积（mm²）	中性线截面积（mm²）	$\dfrac{\text{载流量}}{\text{截面积}}$	1kV（四芯铝芯电缆）			1kV（四芯铜芯电缆）		
			20℃	25℃	30℃	20℃	25℃	30℃
4	2.5	7.2	31	29	27	39	37	35
6	4	6.1	39	37	35	51	48	45
10	6	5.0	53	50	47	68	64	60
16	6	4.06	69	65	61	90	85	79

主线芯 截面积 （mm²）	中性线 截面积 （mm²）	载流量 截面积	1kV （四芯铝芯电缆）			1kV （四芯铜芯电缆）		
			20℃	25℃	30℃	20℃	25℃	30℃
25	10	3.44	90	85	79	118	111	104
35	10	3.1	116	110	103	152	143	134
50	16	2.7	143	135	126	185	175	164
70	25	2.3	172	162	152	224	211	198
95	35	2.06	207	196	184	270	254	238
120	35	1.86	236	223	208	308	290	272
150	50	1.68	266	252	236	246	327	306
185	50	1.5	300	284	265	390	369	346

注　1. $\theta_e=65℃$，指电缆线芯允许长期工作温度为 65℃。

　　2. 表中"载流量/截面积"栏所列数值是铝芯电缆 25℃时载流量与截面积之比。

1-25　铝、铜矩形母线载流量的判定

矩形铝母线厚度及其载流量关系见表 1-11。

表 1-11　　矩形铝母线厚度及其载流量关系

厚度 （mm）	3	4	5	6	7	8	9	10
载流量 （A）	宽×10	宽×12	宽×13	宽×14	宽×15	宽×16	宽×17	宽×18

得出估算口诀：

铝排载流量估算，依厚系数乘排宽。

厚三排宽乘以十，厚四排宽乘十二。

以上厚度每增一，系数增值亦为一。

母排二三四并列，分别八七六折算。

高温直流打九折，铜排再乘一点三。

(1-25a)

说 明 🔍

（1）在相同截面积的情况下，矩形截面硬铝（铜）母线比圆形母线的周长大，即矩形母线的散热面大，因而冷却条件好；同时，因为交流电集肤效应的影响，矩形截面母线的电阻要比圆形截面的电阻小一些，因此在相同的截面积和允许发热温度下，矩形截面通过的电流要大些。所以，在6～10kV系统中一般都采用矩形母线。而在35kV及以上的配电装置中，为了防止电晕，一般都采用圆形母线。

（2）矩形截面硬铝母线（俗称铝排母线）的载流量与其截面积大小、环境温度、所载电流性质等因素有关。本节口诀是通过铝排母线的厚度和宽度尺寸，直接估算出载流量。规律是一定厚度的铝排的载流量为排宽乘上一个系数。该系数与排厚有关，具体对应关系是：排厚为3mm，系数为10；排厚为4mm，系数为12；排厚为4mm以上时，厚度每增加1mm，其对应系数在12的基础上也增加1，例如铝排厚为6mm，系数为12＋2＝14；铝排厚为8mm，系数为16。

【例1】 求算 40×4 矩形铝母线的载流量。

解 根据口诀（1-25）得

40×4 矩形铝母线载流量＝40×12＝480（A）

【例2】 求算 60×6 矩形铝母线的载流量。

解 根据口诀（1-25a）得

60×6 矩形铝母线载流量＝60×（12＋2）＝840（A）

（3）"母排二三四并列，分别八七六折算"说的是大容量变电所常采用同截面二片、三片或四片铝母排平行并列输送同相交流电时，其载流量并不是二片、三片或四片铝母排各自额定允许载流量的和，而是较之少些。当导线截面积增加 1 倍时，由于各种因素，流过导线的电流不允许增加 1 倍。其原因是：导线中流过电流而产生热量的大小与导线散热条件有关。导线流过电流产生的热量 $Q_1 = I_1^2 R$；当导线截面积增大 1 倍后，导线电阻将减小 1/2，则 $Q_2 = I_2^2 \dfrac{R}{2}$。在外界环境条件相同的情况下，导线的散热量与导线的表面积成正比，即 $Q_1' = K2\pi r_1 L$；当导线截面积增大 1 倍时，导线的半径 $r_2 = \sqrt{2}\, r_1$，所以 $Q_2' = K \times 2\pi \sqrt{2}\, r_1 L$。因为 $Q_1 = Q_1'$，$Q_2 = Q_2'$，即 $\dfrac{I_1^2 R}{I_2^2 R/2} = \dfrac{K \times 2\pi r_1 L}{K \times 2\pi \sqrt{2} r_1 L}$。所以 $I_2 = \sqrt{2\sqrt{2}}\, I_1 = 1.68 I_1$。实际上，当导线流过交流电流时，还有集肤效应、邻近效应等因素。因此，载流量应为原来的 1.5 倍左右。具体算法是：二片并列时，载流量为各自额定允许载流量和的 0.8 倍；三片并列时，为和的 0.7 倍；四片并列时，为和的 0.6 倍。

"高温直流打九折，铜排再乘一点三"说的是当铝排装置在环境温度经常高于25℃的配电室内，或者作直流母线并列运行时，铝排的载流量应按上述计算结果后再乘0.9。铜排的载流量，比同规格尺寸的铝排大30%。故求算矩形铜母线载流量时，先视为矩形铝母线，按口诀（1-25a）估算方法算出后，再乘1.3即得矩形铜母线载流量（有关环境温度较高及母线并列使用的问题，可同铝母线一样处理）。

（4）用口诀（1-25a）估算矩形铝、铜母线的载流量见表1-12。

表1-12　矩形铝、铜母线的载流量（交流电流）　　A

| 宽×厚 (mm× mm) | 矩形铝母线载流量 | | | | | | 矩形铜母线载流量 (25℃) |
	口诀算值	25℃	30℃	35℃	2片	3片	4片	
15×3	150	165	155	145				210
25×3	250	265	249	233				340
30×4	360	365	343	321				475
40×4	480	480	451	422				625
40×5	520	540	507	475				700
50×5	650	665	625	585				860
60×6	840	870	817	765	1350	1720		1125
80×6	1120	1150	1080	1010	1630	2100		1480
100×8	1600	1625	1530	1430	2390	3050		2080
120×8	1920	1900	1785	1670	2650	3380		2400
80×10	1440	1480	1390	1305	2410	3050		1900
100×10	1800	1820	1710	1600	2860	3650	4150	2310
120×10	2160	2070	1950	1820	3200	4100	4650	2650

注　口诀算值按环境温度为25℃。

（5）矩形铝母线载流量与其截面有关，同时受铝排厚度的影响。若根据铝排厚度来确定矩形铝母线每平方毫米的载流量，再乘以相应的截面积，即可得矩形铝母线载流量。计算口诀如下：

　　铝排载流量估算，按厚截面乘系数。
　　厚四截面积乘三，五六厚乘二点五。
　　厚八二倍截面积，厚十以上一点八。

(1-25b)

　　口诀（1-25b）按铝排厚度来确定系数。其系数较少，仅有4个：3、2.5、2、1.8。运用时要注意：矩形铝母线的载流量等于系数乘以铝排截面积。每句口诀中，前面的数值是铝排的厚度，后面的数值是该厚度确定所乘的系数。例如，"厚四截面积乘三，五六厚乘二点五"理解为厚度为4mm的铝母线，每 mm^2 载流量为3A；厚度为 5mm 和 6mm 的铝母线，每 mm^2 载流量为2.5A。口诀（1-25a）和口诀（1-26b）估算载流量的方法虽然不同，但其依据、来源及效果相同，均具有实用价值，均可现场运用。

1-26　扁钢母线载流量的判定

　　扁钢母线载流量，厚三截面即载流。
　　厚度四五六及八，截面八七六五折。

扁钢直流载流量，截面乘以一点五。

$$(1-26)$$

说明

（1）扁钢母线（钢排）截面积与交流电载流量（A）的关系是：扁钢厚度为 3mm 及以下时，其截面积 mm² 数值就是载流量 A 的数值。如 30mm×3mm 扁钢母线，其载流量为 90A（30×3）；40mm×3mm 扁钢母线，其载流量为 120A（40×3）。这便是"厚三截面即载流"的意思。

"厚度四五六及八，截面八七六五折"说的是当扁钢母线的厚度为 4、5、6、8mm（没有标称 7mm 厚的扁钢）时，其载流量分别等于扁钢截面积乘以 0.8、0.7、0.6、0.5（有规律地逐减 0.1，便于易记）。如 40mm×4mm 扁钢母线，其载流量为 128A（40×4×0.8）；50mm×5mm 扁钢母线，其载流量为 175A（50×5×0.7）；60mm×6mm 扁钢母线，其载流量为 216A（60×6×0.6）；80mm×8mm 扁钢母线，其载流量为 320A（80×8×0.5）。

用口诀（1-26）估算扁钢母线的载流量见表 1-13。

表 1-13　　　　　扁钢母线的载流量（交流）

宽×厚（mm×mm）	口诀算值（A）	截面积（mm²）	载流量（A）
20×3	60	60	65
25×3	75	75	80
30×3	90	90	95
40×3	120	120	125
25×4	80	100	85
30×4	96	120	105

宽×厚（mm×mm）	口诀算值（A）	截面积（mm²）	载流量（A）
40×4	128	160	130
50×4	160	200	165
60×4	192	240	195
50×5	175	250	170
60×6	216	360	210
80×6	288	480	275
80×8	320	640	290

注 1. 扁钢载流量系垂直布置的数据，如水平布置时，宽度为60mm
及以下的载流量应减少5%；当宽度为80mm及以上时应减
少8%。

2. 表列数据是环境温度为25℃时的扁钢母线载流量。

（2）口诀"扁钢直流载流量，截面乘以一点五"说的
是当扁钢母线载直流电流时，其载流量数值约为截面积的
1.5倍，即每平方毫米截面积的载流量约为1.5A。如
30mm×3mm扁钢母线，其直流载流量为135A（90×1.5）；
60mm×6mm扁钢母线，其直流载流量为540A（360×
1.5）。

钢母线（扁钢母线）的载流量，对于交流电流与直流
电流相差很大，而铜、铝矩形母线则不明显。这是因为钢
属铁磁材料，它有较大的感抗，对交流电流影响较大而对
直流电流则无影响的缘故。

1-27　鉴别白炽灯灯泡的好坏

💡 **口诀**

白炽灯灯泡好坏，眼看手摸来鉴别。

泡圆光洁无砂眼，商品标识印字清。

玻璃灯芯不歪斜，丝钩钨丝排列均。

灯头安装不歪斜，稍用力拉不感松。

(1-27)

说明 🔍

常用的白炽灯灯泡的好坏，可以从以下几方面加以鉴别。

(1) 灯泡外观。泡壳圆整光洁，无气泡、砂眼及明显的划痕，商品标识印字清晰。

(2) 灯泡灯芯。玻璃灯芯不歪斜，钼丝钩、钨丝排列均匀，钼丝钩无发黑氧化现象。

(3) 灯泡灯头。安装不歪斜，用手稍用力拉时不感觉松动。螺口灯泡锡焊点高度和大小应适当（直径约 3mm 左右），无假焊；插口灯泡灯头电触点与外壳不连、互不粘连。

1-28　鉴别变压器油的质量

💡**口诀**

变压器油外观看，新油通常淡黄色。

运行后呈浅红色，油质老化色变暗，

程度不同色不同，炭化严重色发黑。

试管盛油迎光看，好油透明有荧光。

没有蓝紫色反光，透明度差有杂物。

好变压器油无味，或有一点煤油味。

干燥过热焦臭味，严重老化有酸味。

油内产生过电弧，则会闻到乙炔味。

(1-28)

说 明 🔍

电力变压器中大多注以变压器油，变压器油的作用是绝缘、散热和消弧。通常，变压器油不经过耐压试验和简化试验很难说明其是否合格，但不合格的油可以从外观和气味上鉴别出来。

（1）颜色。新油通常为淡黄色，长期运行后呈浅红色或深黄色。如果油质老化，颜色就会变暗，并有不同的颜色。如果油色发黑，则表明油炭化严重，不能使用。

（2）透明度。把油盛在玻璃试管中观察，在−5℃以上时应当是透明的。如果透明度差，则表示其中有游离碳和其他杂质。

（3）荧光。装在试管中的新油，迎着光看时，在试管两侧呈现乳绿色或蓝紫色反光，称为荧光。如果用过的油完全没有荧光，则表示油中有杂物和分解物。

（4）气味。好的变压器油仅有一点煤油味或无味。若油有焦味，说明油干燥时过热；若油有乙炔味，表示油内产生过电弧；若油有酸味，表示油已严重老化。测定油气味时应将油样搅匀并微微加热。若感到可疑，可滴几滴油到干净的手上摩擦，再鉴别气味。

1-29　滴水检测电动机温升

💡 口 诀

电机温升滴水测，机壳上洒几滴水。

只冒热气无声音，被测电机没过热。

冒热气时噬噬响，电机过热温升超。

（1-29）

说明 🔍

电动机是将电能转换成旋转机械能的一种电机，也是各行各业中应用最广泛的用电设备。电动机带负荷运行时由于损耗而发热，当电动机的发热量与散热量相等时，其温度就稳定在一定的数值。只要环境温度不超过规定，电动机满载运行的温升不会超过所用绝缘材料的允许温升。电动机以任何方式长时间运行时，温度都不得超过所用绝缘材料规定的最高允许温度。电动机温度过高是电动机绕组和铁心过热的外部表现，过热会损坏电动机绕组绝缘，甚至会烧毁电动机绕组和降低其他方面性能。小型电动机一般很少装设电流表，所以监视这种电动机的温度就尤为重要。

温升是电动机异常运行和发生故障的重要信号。滴水检测电动机温升是简便可行的方法，即在机壳上洒几滴水，如果只看见冒热气而无声音，则说明被测电动机没有过热；如果冒热气时又听到"噬噬"声，则说明被测电动机已过热，温升已超过允许值。

1-30　三相电动机未装转子前判定转向的简便方法

💡 口诀

电动机转向预测，转子未装判定法。

铜丝弯曲成桶形，定子内径定桶径。

定子竖放固定妥，棉线吊桶放其中。

桶停稳后瞬通电，桶即旋转定转向。

$$(1\text{-}30)$$

说明 🔍

三相电动机转向预测问题，本质上是在已知电源相序和规定电动机转向的条件下，对电动机三相绕组头、尾端已理清的定子绕组进行相序测定的问题。它对安装不宜反转的拖动装置，尤其对大容量的三相电动机，具有实际意义。即有些交流电动机，如带反转制动的电动机、水泵电动机、冰箱电动机等是不允许反转的；这些电动机如果转向不对，不仅会造成设备不能正常工作（如水泵不能抽水，冰箱不制冷），而且电动机本身还可能损坏。

交流电动机未装转子前判定转向的简便方法如图 1-15 所示。用铜丝或铝丝（不能用铁丝）弯曲成桶形或筐形，其大小由被测电动机定子内径而定。测试时将被测电动机定子竖放，手提棉线将"桶"或"筐"吊在电动机定子中间，待其停稳

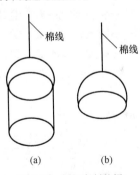

图 1-15　铜丝弯制的桶、筐形示意图

(a) 桶形；(b) 筐形

后，给电动机定子绕组瞬间通电。这时"桶"或"筐"立即旋转起来，其转动方向就是被测电动机转子的转动方向。

实际工作中，用日光灯启辉器的铝外壳可代替上述"桶"或"筐"，即废旧日光灯启辉器铝壳就是很理想的"桶"或"筐"。在测试时，小功率、低电压电动机可直接接其额定电压电源；大功率、高电压电动机，采用低压供电以保安全。用此种方法测试电动机转向，既简单又安全，对被测电动机定子绕组没有危害。

1-31 电动机绝缘机械强度四级判别标准

♀ 口诀

> 电动机绝缘优劣，机械强度来衡量。
> 感官诊断手指按，四级标准判别法。
> 手指按压无裂纹，绝缘良好有弹性。
> 手指按压不开裂，绝缘合格手感硬。
> 按时发生小裂纹，绝缘处于脆弱状。
> 按时发生大变形，绝缘已坏停止用。

(1-31)

说 明 🔍

电动机是由绕组和铁心构成的，两者之间是由绝缘材料隔开的，所以绝缘结构就成为电机的重要组成部分。但同时绝缘结构也是电动机的一个薄弱环节。

绝缘材料的电气性能是用绝缘强度作为衡量指标的。绝缘强度的定义是：绝缘材料在电场中，当电场强度增大到某一极限时就会击穿，这个击穿的电场强度称为绝缘耐压强度，也称介电强度或绝缘强度。击穿意味着绝缘材料完全失去绝缘性能，故绝缘强度是绝缘材料的重要性能指标。

绝缘材料的机械性能用机械强度作为衡量指标。实际上机械强度也包括了抗切强度、抗冲击强度、硬度、抗劈强度以及抗拉、抗压、抗弯强度。例如，抗切强度，对于槽内的绕组而言，是指抗毛刺磨损的能力；硬度是表示绝缘材料受压后不变形的能力；抗劈强度高，表示绝缘材料不易开裂、起层，可加工性能良好。

绝缘材料的绝缘强度和机械强度之间并无一定的关系。受某些因素影响时，两者按各自的规律变化。例如，试验表明，潮气开始蒸发时，绝缘材料的绝缘强度增大，而机械强度下降；潮气蒸发到一定程度时，绝缘强度随之下降，但不致落至其最初值之一，机械强度继续下降一直到完全丧失为止。由于材料的破碎、解体，绝缘材料失去了绝缘性能。由此可见，两者虽不存在直接的正比、反比或某种非线性的函数关系，但绝缘材料的绝缘性能是因其具有机械性能才得以存在的。因此有一种看法，绝缘材料是否还有用，是由其机械强度来决定的，可分为四级判别标准：

一级：用手指按压时无裂纹，说明绝缘良好，有弹性。

二级：感觉硬，但用手指按压时无裂纹，说明绝缘处于合格状态。

三级：用手指按压时发生微小的裂纹或变形，说明绝缘处于脆弱状态。

四级：用手指按压时发生较大变形和破坏，说明绝缘已坏。被测电动机必须停止使用。

电动机绝缘处理（即当运行中电动机的绝缘电阻值过低

时，对它进行清扫、清洗、浸漆等工作)的目的就在于提高电动机的绝缘强度和机械强度，当然也包括提高耐潮性能、导热性能以及化学稳定性。另外，绕组在槽内的固定，端部的绑扎等都是为了使绕组具有良好机械强度和整体性，并以此来保证良好的绝缘强度。

1-32 手感温法检测电动机温升

电动机运行温度，手感温法来检测。
手指弹试不觉烫，手背平放机壳上。
长久触及手变红，五十度左右稍热。
手可停留两三秒，六十五度为很热。
手触及后烫得很，七十五度达极热。
手刚触及难忍受，八十五度已过热。

(1-32)

温升是电动机异常运行和发生故障的重要信号。用手摸来检测温升是最简便的方法，即测量电动机的温度时，有经验的电工常用手摸的方法。用手摸试电动机温度时，应将手背朝向电动机，并应先采用弹试方法，切不可将手心按向电动机的外壳(用手背而不用手心触摸电动机外壳，是为了万一机壳带电，手背比手心容易自然地摆脱带电的机壳)。在实际操作中应注意遵守有关安全规程和掌握设备的特点，掌握摸的方法和技巧，该摸的才摸，不该摸的切不要乱摸。

　　对于中小容量的电动机，用手背平放在电动机的外壳上，若能长时间的停留，手背感到很暖和而变红，可以认为温度在 50℃ 左右。如果没有发烫到要缩手的感觉，说明被测电动机没有过热；如果烫得马上缩手，难以忍受（即手背刚触及电动机外壳便因条件反射瞬间缩回），则说明被测电动机的外壳温度已达 85℃ 以上，已超过了温升允许值。手感温法估计温度见表 1-14。

表 1-14　　　　　　　　　　**手感温法估计温度表**

电动机外壳温度(℃)	感　觉	具　体　程　度
30	稍　冷	比人体温稍低，感到稍冷
40	稍暖和	比人体温稍高，感到稍暖和
45	暖　和	手背触及时感到很暖和
50	稍　热	手背可以长久触及，触及较长后手背变红
55	热	手背可以停留 5～7s
60	较　热	手背可以停留 3～4s
65	很　热	手背可以停留 2～3s，即使放开手后，热量还留在手背上很久
70	十分热	用手指可以停留约 3s
75	极　热	用手指可以停留 1.5～2s，若用手背，则触及后即放开，手背还感到烫

电动机外壳温度(℃)	感　觉	具　体　程　度
80	热得使人担心电动机是否烧坏	热得手背不能触碰，用手指勉强可以停留 1～1.5s。乙烯塑料膜收缩
85～90	过　热	手刚触及便因条件反射瞬间缩回

1-33　手摸低压熔断器熔管绝缘部位温度速判哪相熔断

💡 口诀

低压配电屏盘上，排列多只熔断器。
手摸熔管绝缘部，烫手熔管熔体断。

(1-33)

说明 🔍

（1）当发现三相电动机运行电流突然上升，发出异常声音时，则在停机后应立即检查其熔断器的温度状态。在一般情况下，因刚刚熔断的熔体及熔体熔断之前所发热量必导致熔管发热。因此，当发现低压熔断器熔丝熔断或电动机有两相运行可能时，应立即检查熔断器的发热情况，特别是在多只熔断器排列在一起的情况下，即使听到了熔丝爆裂声，也很难断定是哪只熔断，这时只要检查熔管绝缘部位的发热情况，便可迅速判断哪相（只）熔断。

（2）手摸熔断器外壳温度速判晶闸管整流器三相是否平衡。在三相桥式半控整流器工作时，要求各相的导通角基本相同，这样才能保证三相平衡。这时测量输入端电流应该是三相线电流相等。但是当移相脉冲发生器等环节的元件变质时，导致三相导通角不一致，甚至出现缺相的情形。这时三相线电流不相等，出现三相不平衡的工作状态。三相是否平衡，一般可用示波器或钳形电流表等仪器检查。若没有示波器且现场条件所限不能用钳形电流表等工器具检查时，可用手摸整流电路中的熔断器（见图 1-16 中螺旋式熔断器 FUd）外壳的温度来迅速判断，既简便又实用。

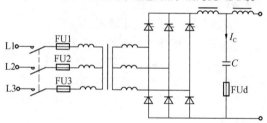

图 1-16　三相桥式半控整流电路示意图

在三相桥式半控整流器工作期，当三相导通角基本一致时，整流器输出的交流成分较小，则 FUd 外壳的温度微热（38～40℃）；当三相不平衡或缺相时，整流器输出电压的交流成分就要增加，这时通过滤波电容器 C 的交流电流的有效值也要增加。因此，FUd 熔断器外壳的温度较热（40～50℃，手不能长时间停留）甚至烫手（55～60℃）。

应该注意，如果原来整流电路中没有熔断器 FUd，则选择 FUd 熔芯的原则是：当整流器缺相十几分钟后熔芯就应熔断；而在整流器正常工作时，熔断器外壳微热。实际选择时，只要断开整流器任意一相晶闸管的触发极（注意触发极切勿碰及机壳等，以免烧坏晶闸管），迅速测出通过滤波电容 C 的电流 I_C，则熔断器熔芯的熔断电流 $I_{FU} \approx \dfrac{I_C}{1.9 \sim 2.2}$，然后可通过实验检查一下，整流器缺相工作 10min 左右能否熔断。否则，熔芯的额定电流要变换。

1-34 手拉电线法查找软线中间断芯故障点

> 单芯橡套软电线，中间断芯查找法。
> 双手抓住线外皮，间隔二百多毫米。
> 同时用力往外拉，逐段检查仔细看。
> 线径突然变细处，便是断芯故障点。

(1-34)

说明 🔍

在施工或生产中经常使用各种携带式工具、电源拖板、照明灯具等，这些携带式电器设备的电源连接线，均采用橡套电缆或较软的电线。这类线缆由于经常移动、弯折，容易造成中间断芯故障。在诊断查找此类断路故障时，可实施手拉电线法查找故障点。

直径较小的单芯橡套电线、花线等，在使用中出现断芯故障时，可用手拉电线法查出故障点。具体操作为：用双手抓住电线的外皮，间隔200mm左右，两手同时适当用力往外拉，仔细观察被查电线外皮的直径。在芯线断开部位，较软的绝缘层在手拉时会变细。用该查找法逐段检查至电线的另一端，电线直径有突然变细的情况，该部位就是电线的断芯所在处。根据经验，一般情况下，断芯故障点多发生在软电线的两端约 1m 的范围内。

第 2 章

测电笔验灯查判

2-1 使用低压测电笔时的正确握法

口诀

常用低压测电笔，掌握测试两握法。

钢笔式的测电笔，手掌触压金属夹。

拇指食指及中指，捏住电笔杆中部。

旋凿式的测电笔，食指按尾金属帽。

拇指中指无名指，捏紧塑料杆中部。

氖管小窗口背光，朝向自己便观察。 (2-1)

说明

使用低压测电笔时，必须按照图 2-1 所示方式把笔身

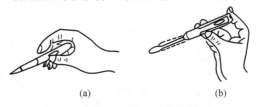

(a)   (b)

图 2-1 使用低压测电笔时的正确握法

(a)钢笔式测电笔；(b)旋凿式测电笔

握妥。低压测电笔是一种验明需检修的设备或装置上有没有电源存在的器具。它简称电笔,并非写字的钢笔,故也不是拿钢笔写字的握法。钢笔式测电笔,应以手掌触及笔尾的金属体(金属夹),大拇指、食指以及中指捏住笔杆中部,并使氖管小窗口背光而朝向自己,以便测试时观察。要防止笔尖金属体触及人手,以避免触电。

旋凿式测电笔握法:以食指按压笔帽金属帽,大拇指、中指和无名指捏紧旋凿塑料杆中部,并使氖管小窗口背光而朝向自己,以便测试时观察。要注意手指不可触及旋凿金属杆部分(金属杆最好套上绝缘套管,仅留出刀口部分供测试需要),以免发生触电事故。

2-2 使用低压测电笔时的应知应会事项

💡 **口诀**

使用低压测电笔,应知应会有八项。
带圆珠笔测电笔,捏紧杆中金属箍。
细检电笔内组装,电阻须在氖管后。
定期测验电阻值,必须大于一兆欧。
旋凿式的测电笔,凿杆套上绝缘管。
用前有电处预测,检验性能是否好。
测试操作要准确,谨防笔尖触双线。
绝缘垫台上验电,人体部分须接地。
明亮光线下测试,氖管辉光不清晰。 (2-2)

说 明

使用低压测电笔时的应知应会事项如下：

（1）市场上出售电工使用的带有圆珠笔芯的测电笔，如图 2-2 所示。测电笔内的电阻所连弹簧顶在笔杆中间的金属圆箍上。金属圆箍两边有螺扣，是连接两边塑料笔杆的，圆箍外径大于笔杆外径。一般此种类测电笔均有个金属笔帽扣戴在圆珠笔芯端，金属笔帽内径和金属圆箍外径紧密插接，其作用相当于钢笔式测电笔笔尾的金属体（金属夹）。但此金属帽易丢失或写完字后忘戴（包括帽子没戴紧），所以在使用带有圆珠笔的测电笔时，手指一定要捏住笔杆中间的金属圆箍（笔尾的圆珠笔头是金属体，但其与电笔内电阻所连接的弹簧没有金属连接）。否则氖泡不亮的假象，往往被误认为无电，结果引起触电事故。

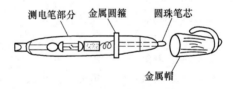

图 2-2　带圆珠笔芯的测电笔

（2）图 2-3 为测电笔内错误组装示意图。图 2-3 中在塑料笔杆的前端是金属触头或螺丝刀，后端是金属帽或者金属夹；笔杆内依次装着一个电阻、一个氖管和弹簧。测电笔笔杆内正确的组装是"电阻须在氖管后"。否则需立刻调换位置。电阻的作用是限制流经人体和测电笔的电流，以避免人体触电发生危险，同时保护氖管不致因电流过大而

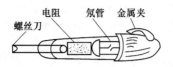

螺丝刀　电阻　氖管　金属夹

图 2-3　测电笔内错误组装示意图

烧毁。

（3）低压测电笔内所装电阻的作用是限制流经人体的电流。为安全可靠，测电笔内电阻应按每伏电压10 000Ω电阻，即100V左右用1MΩ。这样氖管的亮度适合。而测电笔在使用过程中，人用湿手捏拿、潮湿环境中运用等，其内电阻易受潮；另外，测电笔内电阻在使用过程中受振、摩擦以及拆装时均会受机械损伤。因此应定期检查测电笔内电阻，阻值小于1MΩ时要及时更换，以确保人身安全。

（4）使用旋凿式测电笔时，旋凿头金属杆上最好套一根合适可靠的绝缘管（绝缘套管或导线塑料护套），使笔头只留1～2mm的金属头。以防在测试时因不慎引起带电的两只端子间短路，这样设备受损，弧光伤人，甚至短路弧光飞溅引起火灾。

（5）低压测电笔每次使用前，先要在已确认的带电体（如隔离开关、插座等）上预先测试一下，观察检查测电笔的性能是否完好。性能不可靠的测电笔不准使用，以防因氖管损坏而得到错误的判断。

（6）电工在检修电气线路、设备和装置之前，务必要用测电笔验明无电，方可着手检修。测试时，必须按照图2-1所示方式把测电笔握妥，然后用笔尖去接触测试点，并仔细观察氖管是否发光。测试点若表面不清洁，可用笔尖划磨几下测试点，但绝不能将笔尖同时搭在被测的双线上（相线间或相线、中性线间），以防短路时弧光伤人。

（7）当人体相对于大地处于高阻抗状态，例如人站配电柜前的橡胶绝缘垫或绝缘台上验电时，氖管发光极弱或者不发光。所以在使用测电笔验电时，应将人体的一部分直接接地，方能验电。

（8）目前，市场上出售的部分测电笔，在氖管处均没有蔽光装置，在阳光下或光线较强的地点使用时，往往不易看清氖管的辉光。氖管辉光指示不清晰，给使用者带来不安全因素，也极易造成触电危及使用者。故此时应注意避光测试和仔细观察，但这不能解决根本问题。现介绍解决这一问题的小经验：用一般使用过的废旧胶卷底片卷成圆桶状，保留其底片一侧上的小方孔（剩余部分可剪去），其长度以笔筒深为宜，紧贴笔筒内壁插入即可。使用胶片既绝缘又透光，同时也起到强光下蔽光的作用。经简单改造后的测电笔，可适应不同环境下的测试工作，效果很好。

2-3 测电笔测判交流电路中任意两导线是同相还是异相

口诀

测判两线相同异，两手各持一电笔，
两脚与地相绝缘，两笔各触一根线，
两眼观看一支笔，不亮同相亮为异。 （2-3）

说明

低压测电笔可以测判交流电路配线中任意两导线是同

相还是异相。其方法是：站在与大地绝缘的物体上，两只手各持一支测电笔，然后在待测的两根导线上同时进行测试。如果两支测电笔都发光很亮，则这两根导线是异相，否则是同相。此项测判时要注意，切记两脚，即人体与大地必须绝缘。因为我国大部分是 380/220V 供电，且配电变压器普遍采用中性点直接接地，所以做测试时，人体与大地之间一定要绝缘。避免构成回路，以免误判断。测试时，两支测电笔亮与不亮显示一样，故只看一支测电笔即可。

2-4 测电笔区别交流电和直流电

💡 **口诀**

　　电笔测判交直流，交流明亮直流暗。

　　交流氖管通身亮，直流氖管亮一端。 （2-4）

🔍 **说明**

　　在交流电通过低压测电笔时，氖管里面的两个极同时发亮；在直流电通过测电笔时，氖管里面的两个极只有一个发亮。这是因为交流电的正负极是互相交变的，而直流电的正负极是固定不变的。交流电使氖管的两个极交替地发射着电子，所以两个极都发亮；而直流电只能使氖管的一个极发射电子，所以就只有一个极发亮。

　　用低压测电笔判别交、直流电时，最好在"两电"之间作比较，这样就很明显了。另外应注意："两电"的电压也应基本相同，并且均在 100V 以上。

2-5　测电笔区别直流电正极和负极

💡 **口诀**

测判直流正负极，电笔氖管看仔细。

前端明亮是负极，后端明亮为正极。(2-5)

🔍 **说明**

根据直流电单向流动和电子流由负极向正极流动的原理，可确定所测直流电的正负极。测试时要注意：电源电压为110V及以上。人站在地上，一手持低压测电笔（若人与大地绝缘，不持测电笔的手良好接地）。将测电笔接触被测电源，如果氖管的笔尖端（即测电端，前端）的一极发亮，说明测的电源是负极；如果是手握笔端（即后端）的一极发亮，说明测的电源是正极。因为电子是由负极向正极移动的，氖管的负极发射出电子，所以负极就发亮了。

2-6　测电笔测判直流电系统正负极接地

💡 **口诀**

变电所直流系统，电笔触及不发亮。

若亮靠近笔尖端，正极有接地故障。

若亮靠近手握端，接地故障在负极。(2-6)

🔍 **说明**

发电厂和变电所的直流电系统通常是对地绝缘的，用低压测电笔去触及直流系统的正极或者负极，氖管是不应该发亮的。如果氖管发亮，则说明被测直流系统有接地现象。如果发亮在靠近笔尖的一端，则是正极有接地故障；如果发亮点在靠近手握的一端，则是负极有接地故障。

2-7 判断 380/220V 三相三线制供电线路单相接地故障

💡 **口诀**

> 星形接法三相线，电笔触及两根亮。
> 剩余一相亮度弱，该相导线软接地。
> 若是几乎不见亮，金属性接地故障。 (2-7)

🔍 **说明**

电力变压器的二次侧一般都接成 Y 形，在中性点不接地的三相三线制系统中，用低压测电笔触及三根相线时，若有两根相线比通常稍亮，而另一根相线上的亮度要弱一些，则表示这根亮度弱的相线有接地现象，但还不太严重。如果两根相线很亮而另一根相线几乎看不见闪亮，或者根本就不亮，则是这根相线有金属性接地故障。三相三线制交流电，在单相金属性接地后，该相对地电压等于零，而其他两相电压则升高 $\sqrt{3}$ 倍（即线电压）。

2-8 判断星形连接三相电阻炉断相故障

💡 **口诀**

> 三相电炉中性点，负荷平衡不带电。

电笔触及氖管亮，判定故障是断相。（2-8）

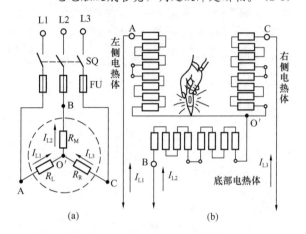

图 2-4　星形连接的三相电阻炉接线示意图
(a)电阻炉电路原理；(b)测电笔测试中性点示意图

说明 🔍

　　如果电源电压正常而三相电阻炉温度升不上去或者炉温升得很慢，则有可能是电阻丝烧断。可用低压测电笔来判断炉内电阻丝是否烧断。

　　星形连接的三相电阻炉电路原理如图 2-4(a)所示，电阻炉是三相平衡负荷，中性点 O′ 处电压应为零。用测电笔测试电阻炉中性点 O′，见图 2-4(b)(O′点一般都接在电炉的背后)。如氖管不发亮，说明电阻丝未烧断；反之，氖管发亮，说明电阻丝烧断了或电源熔丝烧断，也有可能供电电源线断线。这些故障属于断相，都应及时检查修理。

2-9 判断电灯线路中性线断路

♀ 口诀

照明电路开关合，电灯不亮电笔测。

相线中性线均亮，电源中性线断线。（2-9）

说明 🔍

一盏电灯的控制开关 SA 闭合后，电灯不亮。查看
灯泡灯丝未断情况
下，取下灯泡。用
低压测电笔测试灯
座的两个灯脚（两个
接线端子）时，氖管
均发亮，由此判定
被测电灯线路的中
性线（零线）断线了。
如图 2-5 所示，当中
性线在 a 点断线时，
用测电笔测相线（火
线）显然有电；而测
中性线时，由于相

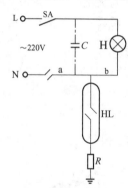

图 2-5 测中性线
断线示意图

线与中性线之间存在分布电容，可用等效电容 C 来代替，
因此就在中性点 ab 段（断线点 a 与灯座中性线灯脚之间）产
生感应电而使测电笔氖管发亮。

2-10 检测高压硅堆的好坏和极性

电笔串只二极管,正极接市电相线。

手捏硅堆任一端,触压电笔金属夹。

笔内氖管若发亮,手捏硅堆负极端。

笔内氖管不发亮,手捏硅堆正极端。

手捏硅堆端调换,正测反测细观察。

两次氖管均发亮,高压硅堆内短路。

两次氖管都不亮,高压硅堆内开路。(2-10)

说明 🔍

如图 2-6 所示,在市电(交流 220V)相线与低压测电笔之间串一只 2CZ 硅整流二极管 V(注意极性),则可判测出高压硅堆的好坏和极性。

图 2-6 检测高压硅堆接线示意图

当二极管 V 的正极接市电相线时,则负极 A 点为正电压。这时一手捏高压硅堆的一端,把硅堆的另一端紧压触

78

及测电笔后面的金属夹部分（原手握端金属部分），另一只手捏测电笔中部绝缘部分，使测电笔前端金属笔头触及二极管负极 A 点时，测电笔内氖管若发亮，则手捏的高压硅堆一端为负极（正测）；如测电笔内氖管不发亮，则手捏的硅堆一端为正极（反测）。

手捏高压硅堆极端调换，即压触测电笔后端的金属夹的极端处调换，两次（正测和反测）测电笔内氖管均发亮，说明被测高压硅堆内部短路；如果两次测试中，测电笔内氖管均不发亮，说明被测高压硅堆内部断路。

注意事项：①二极管 V 必须选反向电阻无限大的硅管，不能用锗管，因锗管的反向电阻太小。这样才能使反测时测电笔内氖管不发光。②二极管 V 正极接的是相线 220V 的交流电压，负极 A 点有近 100V 的直流电压。测试时切勿触摸，以防触电伤人。

2-11 正确使用数显感应测电笔

💡 **口诀**

> 数显感应测电笔，正确握法测检法。
> 食指按笔尾顶端，拇指中指无名指，
> 捏塑料杆中上部，拇指兼顾按电极。
> 数值显示屏背光，朝向自己便观察。
> 拇指按直接测检，触及被测裸导体。
> 按感应断点测检，触及带外皮导线。
> 区别相线中性线，查找相线断芯点。（2-11）

（1）目前，电工行业有不少人运用数显感应测电笔，其外形如图 2-7 所示。数显感应测电笔一般有两个电极：直接测检和间接测检（有的标注为感应断点测检），位于测电笔后端手握部。中间有个显示屏，前端是旋凿式金属触头。数显感应测电笔测试范围：直接测检 12～250V 的交直流电压。其特点是：数字显示一目了然，突破传统测电笔界限。

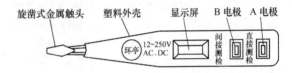

旋凿式金属触头　　塑料外壳　　　显示屏　　B 电极　A 电极

环亨　12~250V AC.DC　　间接测检　直接测检

图 2-7　数显感应测电笔外形

（2）数显感应测电笔运用握法与旋凿式测电笔相似，如图 2-8 所示，食指按压测电笔尾部顶端，大拇指、中指和无名指捏测电笔塑料杆中上部，大拇指尚需兼顾按压测检电极，并使显示屏背光而朝向自己，以便测试时观察。要注意手指不可触及旋凿式金属触头，以免发生触电伤人事故。

（3）直接测检。大拇指按直接测检 A 电极，旋凿式金属触头触及被测裸导体，眼看测电笔中部显示屏显示数值，如图 2-9 所示。①最后数字为所测电压值。②未到高段显示值 70% 时同时显示低段值。③测量直流电压时，应用另一只手碰及直流电源另一极。④测量少于 12V 电压导体是否带电，可用感应断点测检电极。

图 2-8　数显感应测
　　　电笔握法

图 2-9　显示屏显示
　　　数值示意图

　　(4) 间接测检。大拇指按感应断点测检 B 电极，旋凿式金属触头触及带绝缘外皮的导线。例如区别带绝缘外皮的相线和中性线，若并排数根绝缘导线时，应设法增大导线间距离，或用另一只手按稳被测绝缘导线。显示屏上显示"N"的为相线，如图 2-10 所示。

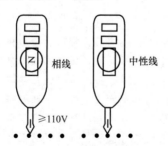

图 2-10　间接测检示意图

　　(5) 断点测试。大拇指按感应断点测检 B 电极，旋凿式金属触头触及有绝缘外皮的相线，查找导线线芯断路点的方法如图 2-11 所示。沿相线纵向移动，显示屏上无显示时为导线线芯断裂点处。

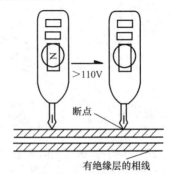

图 2-11　断点测检示意图

2-12　检验灯校验照明安装工程

💡 **口诀**

> 照明工程竣工后，常用检验灯校验。
> 断开所有灯开关，拔取相线熔体管。
> 熔断器上下桩头，跨接大功率验灯。
> 接通电源总开关，验灯串联电路里。
> 线路正常灯不亮，灯亮必有短路处。
> 排除故障再校验，直至线路无短路。
> 校验支路各盏灯，分别闭合灯开关。
> 支路短路验灯亮，断线故障灯不亮。
> 验灯发出暗淡光，被检灯亮则正常。

关灯校验第二盏，同理同法校各灯。(2-12)

说 明 🔍

　　不论是工厂车间，还是高楼大厦，凡新的照明工程安装完毕后，都几乎不可能一次送电试验成功，或多或少地会由于安装错误，造成一些故障。尤其是照明密度大、灯具多、线路上下密布、左右纵横的高层建筑、科研大楼等。因此，照明安装工程正式送电前，必须进行校验。用检验灯（俗称校火灯或挑担灯）校验的方法步骤如下：

　　第一步：准备临时电源（三相四线），打开照明配电箱，关掉总开关，卸下装熔体的旋盖（或装熔丝的插盖），包括各分路熔断器的插盖（关断分路低压断路器），接装灯容量配好熔体或熔丝。

　　第二步：关掉全部照明开关。在配电箱总开关的上桩头上接上三相电源（相电压为 220V），中性线接上零线母排。用检验灯测试电源正常情况下，闭合总开关。

　　第三步：不要急于装上熔丝而试送电，因为新安装线路的短路现象（俗称碰线）是时常会发生的，尤其是螺旋式熔断器上的熔体，价格较贵，需避免无谓损失。用 100W 的检验灯，对各分路的熔断器两端桩头进行逐个跨触测试，如图 2-12 所示。此时，检验灯灯泡会出现以下三种情况：①不亮或很暗、稍暗；②达到 100W 的正常亮度；③超越 100W 的正常亮度或非常亮。其中，第一种情况说明此分路正常；第二种情况说明此分路内有短路情况；第三种情况说明此分路的两根相线短路了（这种情况是被测分路的零线错接成另一相的相线，或中性线与其他相线短路而发生两异相相线同一分路）。这时根据检验灯灯泡亮的情况，逐一

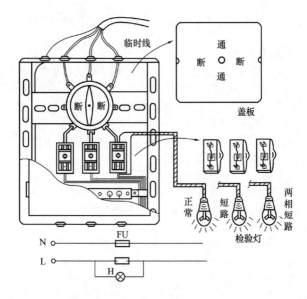

图 2-12　检验灯校验照明电路示意图

对应校验各分路。

　　第四步：第三步中的第一种情况，即检验灯不亮，或很暗、稍暗，只说明是线路暂时无短路情况。还应继续把这一分路的开关逐一合上，同时观察检验灯的亮度变化，其可能出现以下四种情况：

　　(1) 分路内开关——合上时，检验灯逐渐增亮，这是回路连通的表现，仍属暂时正常。直至这一分路内的开关全部合上，检验灯仍未达到正常亮度，则说明这一分路正常。可放心地装上熔断器插盖(已按装灯容量配装熔丝)。

（2）当合上某一开关时，检验灯突然发出正常亮度，在重复几次之后都是如此，这说明所闭合的开关至所控制的灯之间的开关线（相线进开关后引向灯头的线）有故障。先查开关是否碰壳或错接；如果正常，则大多数是灯头内开关线和灯头线（中性线引至灯头的一根线）碰线。尤其是螺口灯头中的中心点（小舌头）碰到了与螺口金属相连的部分（新灯头小舌头常贴在螺口金属上）。排除后，直至合上这一分路的全部开关均无异常，则可拆去检验灯，装上已装配好熔丝的熔断器插盖。

（3）当分路上所有开关都合上，检验灯也不闪亮，即无短路情况。这时拆去检验灯装上熔断器插盖送电，而分路内电灯都不亮，说明该分路内有断路故障。断路故障有两种：一是相线断路，表现为断线后的导线均无电；二是中性线断路，表现是断线后面的中性线均呈带电状况。处理方法是查找第一个不亮的灯位，查出后予以排除，直至正常。

（4）当分路所有开关都合上，检验灯灯泡逐渐增亮但未达到正常亮度。这时拆去检验灯装上熔断器插盖送电，分路内只有部分电灯亮，而有部分电灯不亮。说明线路无短路和断路故障，不亮电灯的故障在灯具中，按有关灯具的各类故障排除方法去逐一处理。

第五步：第三步中的第二种情况，即检验灯达到 100 W 的正常亮度，被测分路内有短路故障。对此要根据其线路布局的不同而采用两种校验处理方法。

（1）放射形布局线路，可将此分路放射岔路口部位暗式活装面板拆开，把各支路相线和电源相线分开；中性线不动仍连接在一起，如图 2-13 所示。此时用检验灯再跨触在该分路的熔断器上、下侧接线桩头上。验灯不亮，说明

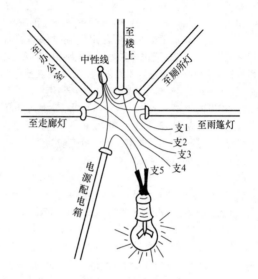

图 2-13 放射岔路口放射形布局线路示意图

配电箱至放射岔路口之间配电线路无短路。拆去检验灯装上配好熔丝的熔断器插盖,然后到岔路口,将检验灯的一端连接电源相线,用检验灯的另一端分别依次触及各支路相线线头。检验灯亮的则是有短路故障的分支路,将其相线仍与电源相线分离;对检验灯不亮的分支路相线线头和电源相线头连接包扎绝缘好。再到配电箱处,拔去此分路熔断器上的插盖,将检验灯跨接在分路熔断器上、下侧接线桩头上,把线路中无短路的各支路按第四步校验方法处理妥当。剩下的有短路故障分支路,用下述树干形布局线路进行校验处理。

· 86 ·

（2）树干形布局线路，可在该分支路的 1/2 或 2/3 处把相线断开，如图 2-14 所示。将检验灯两端引线头跨接在该分路的熔断器上、下侧接线桩头上。如果检验灯仍然达到正常亮度，说明该分支路相线断开分段处前半段有短路故障；如果检验灯不亮，则说明该分支路分段处后半段有短路故障。

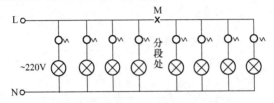

图 2-14　分支路树干形布局线路示意图

对前半段线路有短路故障的分支路，可将其前半段的 1/2 处断开相线，再观察检验灯的亮度变化。如果检验灯仍达到正常亮度，则短路故障在靠电源侧的那一小段内。如此这般分一两次后，各小段内就只有几个灯了。通过观察分析就很容易找到短路故障的所在之处，即检查所怀疑的暗开关、暗插座是否碰壳；接线盒、过路箱内相线和中性线是否相连接等。解决了前半段线路，因后半段线路无短路故障，可重新连接好相线，然后按第四步所述方法进行校验。对后半段有短路故障的分支路，可在分路熔断器上装上配好熔丝的插盖，在分段处用检验灯两引线头跨接相线断口两线头。仍用上述分段方法校验，查找出短路故障所在处。

第六步：第三步中的第三种情况，即熔断器上、下侧跨接的检验灯超越正常亮度，说明被测分路内有不同相的两根相线接在此分路上，多数是多回路导线共穿在一根管子中，而在岔口分路时，错把相线当作中性线连接。此种情况较明显，在分叉口处拆开就能发现。排除后将检验灯跨接到分路熔断器上、下侧接线桩头上，按第四步所述方法进行校验。

运用检验灯校验照明安装工程，既方便省时，又安全准确，不易遗漏故障。成功地达到避免经济损失、防止故障扩大的目的，实用性很强。

2-13 检验灯校验单相插座

💡 **口诀**

> 单相二百二插座，常分两孔和三孔。
> 两孔左中右为相，左中右相上为地。
> 单相二百二插座，跨接检验灯校验。
> 左中右相接验灯，灯亮正常则正确。
> 断路故障灯不亮，接触不良灯闪烁。
> 三孔插座加测试，右相上地灯也亮，
> 左中上地灯不亮，否则接线不正确。(2-13)

说明 🔍

(1) 照明工程安装，以往是以灯为主而插座少。现在不论新楼房居民住户，还是办公大楼，因家用电器繁多，办公室用电设备也很多，现代的照明工程中插座的数量比灯具还要多。其线路也是上下密布，左右纵横。在照明工程安装完毕后，应对所有单相插座进行校验，最好应对着用户用简易而明显的检验灯校验。

插座是供家用电器、办公用电设备等插用的电源出线

· 88 ·

□。照明工程中常用的单相插座分为双孔、三孔两种，如图 2-15(a)、图 2-15(b)所示。其中三孔(三眼)的应选用品字形排列的扁孔结构，不应选用等边三角形排列的圆孔结构。后者因容易发生三孔互换而造成触电事故。

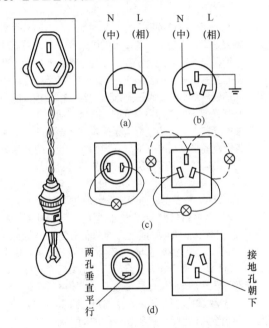

图 2-15　检验灯检测单相插座示意图

(a)两孔；(b)三孔；(c)正确的安装方式；

(d)不正确的安装方式

（2）插座的安装方法。装于墙面上的插座必须装在木台上，木台应牢固地装在建筑面上；暗敷线路的插座，必须装在墙内嵌有插座承装箱的位置上，并必须选用与之配套的专用插座。两种插座的安装方式规定如图 2-15（c）所示。

对双孔（双眼）插座的双孔应水平并列安装，不准垂直安装。如果垂直并列安装，可能会因电源引线受勾拉而使插头的柱销在插座孔内向上翘起，从而把孔内触片向上弯曲，严重时就会使触片触及罩盖固定螺钉，甚至触及另一个触片而造成短路事故。对三孔插座的接地孔（较粗大的一个孔）必须置在顶部位置，不准倒装或横袋，见图 2-15（d）。

有关插座技术条件的规程中明确规定：单相三孔插座在其罩盖外表面及其基座内靠近导电极的地方，应分别标出"相（L）"和"中（N）"的标志。其位置规定为：当从插座的顶面看时，以接地极为起点，按顺时针方向依次为"相（L）"、"中（N）"。插头上的插销则与相配的插套相对应。

（3）运用检验灯检测单相 220V 插座很简单实用。将220V 灯泡（功率大小均可）检验灯的两引出线头分别插入L、N 接线孔，灯亮正常，则说明被测插座安装正确；如果灯不亮，则说明被测插座有断路故障；如果灯光闪烁，则说明被测插座的接线桩头接线接触不良。如果所检测的照明工程中插座数量较多，最好在检验灯的两引出线头上装置插头，这样使用方便且安全，如图 2-15 所示。

220V 单相三孔插座校验时，尚需检测三孔接线正确与否。即用检验灯的两引出线头分别插入相线（L 为右边扁孔）、地线（E 为上面较粗大的孔）接线孔，灯亮正常；检验灯两引线头分别插入中性线（N 为左边扁孔）、地线接线孔，灯不亮[如图 2-15(c)中虚线所示]。则说明被测三孔插座安装正确，否则被测三孔插座接线不正确。

2-14 百瓦检验灯校验单相电能表

💡 **口诀**

> 测校单相电能表，百瓦灯泡走一圈。
> 常数去除三万六，理论时间单位秒。
> 实测理论时间差，误差百分之二好。
> 实多理少走字少，实少理多走字多。 (2-14)

🔍 **说明**

我国实行一户一表制，家用单相电能表用量相当大。电工在抄表和日常维护工作中，经常会碰到用户(或电工)怀疑电能表的准确性。对此可利用实际测试时间和理论计算时间的比较来初步断定所用电能表的准确性。

每块单相电能表的铭牌上都标注有标定电流、额定电压、额定频率、每千瓦时多少转盘转数(常数 C)等数值。现以 DD862 型产品为例，标定电流 5(20)A、1200r/(kWh)等。测试时用秒表或有秒针的手表、闹钟计时；用 100W 白炽灯泡作负荷(也可用其他容量的白炽灯泡)。如图 2-16 所示，将电能表所带负荷全部断开，相线、中性线间只跨接一盏 220V、100W 的白炽灯灯泡。当电能表转盘边缘上的标记(一般涂上红色或黑色)出现时按下秒表，开始计时，当转盘转一圈再度出现记号时按下秒表，停止计时，即可得到转盘转一圈的实际时间 t(如果用手表或钟表，则可用两次读数的平均值作为实际时间 t；如果每千瓦时转盘转

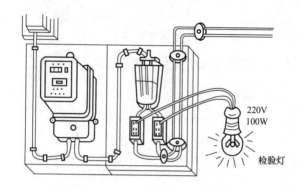

图 2-16　检验单相电能表接线示意图

数较大，可看读 10 圈，总秒数去个零，即除以 10，便为实际时间 t）。

理论时间 T 的计算值可按下式求得

$$T = \frac{1000 \times 3600 N}{PC} \ (\text{s})$$

式中　　P——测试时的负载功率，W；

　　　　N——测试时的转数；

　　　　C——单相电能表常数，r/(kWh)。

将 $C=1200\text{r}/(\text{kWh})$，$P=100\text{W}$，$N=1$ 代入，即可得 $T=30\text{s}$。若只将 $P=100\text{W}$ 和 $N=1$ 代入公式，即得到 $T=3.6 \times 10^4 / C \ (\text{s})$。

将 t（实测时间）与 T（理论计算时间）作比较：若 $t > T$，说明被测电能表慢了；若是 $t < T$，说明被测电能表快了；如果 T 与 t 的差值在 T 值的 $\pm 2\%$ 范围内，则可认为被测电能表大体上是准确的。因测试时电网电压不一定为额

定电压，所选用的白炽灯功率瓦数会有误差，计时也会有误差。但上述方法一般来说已能粗略地说明被测电能表的准确性。

2-15　灯泡核相法检查三相四线电能表接线

> 三相四线电能表，接线检查核相法。
> 两盏检验灯串联，两引出线跨触点：
> 某元件电压端子，该相电流电源线。
> 灯亮说明接错线，电压电流不同相。
> 接线正确灯不亮，电压电流是同相。(2-15)

　　做好电能计量工作不仅要求电能表本身的检修、检验符合国家有关标准规定，更重要的是要求计量方式合理、接线正确。一块不合标准的电能表最多造成百分之几的误差，但接线或计量方式错了，误差就可能达到百分之几十，甚至可能出现表计本身停走或者倒走，给电能计量带来很大的损失。三相四线制的计量方式是低压供电系统的主要计量方式，用电炉丝检查三相四线电能表接线是一种简单而实用的办法，故农村电工普遍采用。而大部分电工在用电炉丝检查电能表接线时，忽视了电能表同一元件上的电压和电流是否同相的问题，看电能表正转了即认为接线对了。这样容易将试验是正转而实际是错误接线误认为是正确接线，使计量装置在错误接线下运行，造成计量不准确。

　　如图2-17所示，三相四线三元件电能表的两边相电流

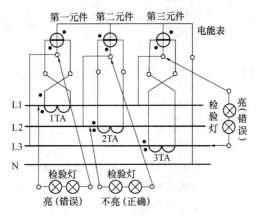

图 2-17　检查三相四线电能表接线的
灯泡核相法示意图

互感器极性接反，且两元件的电压线接错，即元件电压和电流不同相，就会出现用电炉丝检查是正转而误认为是正确接线的现象（从理论上可以证明，当各元件电压和电流之间的夹角小于 90°时都会出现正转的现象）。这种错接线时电能表虽正转，但结果上少计量 1/3。所以，核相检查是必需的程序，绝不可忽视。而用灯泡核相法既简单又方便。用两个 220V 同功率的灯泡串联起来，然后一端接电能表某一元件的电压端子，另一端接该相电流电源。如灯泡不亮，则说明电压电流是同相，接线正确；若灯泡亮，则说明电压电流不同相，接线错了。

　　经灯泡核相法纠正了错相以后，再用电炉丝检查三相四线电能表接线，就不会将错接线误认为正确接线了。

2-16 检验灯检测单相电能表相线与中性线颠倒

💡 口诀

国产单相电能表，一进一出式接线。

验灯两条引出线，一个线头先接地，

另头触及表端子，右边进线和出线。

接线正确灯不亮，灯亮相零线颠倒。 (2-16)

🔍 说明

单相电能表是计量电能不可缺少的装置，接线是否符合电气规程、规范的规定，直接影响到计量收费和用电管理、安全等问题。单相电能表的接线比较简单，且每块电能表的接线桩头盖子上均印有接线图。但单相电能表用量多（我国实行一户一表制），安装的数量就多，在集装电能表箱施工时，表计数量多，进表线相互并联；当安装导线颜色一样时，如装表工疏忽大意，则易发生接线错误，常见的错误接线就是将相线（火线）与中性线（零线）颠倒，如图 2-18（a）所示。

单相电能表正确接线如图 2-18（b）所示，电能表有四个接线端子。根据接线盒上的排列，国产单相电能表的进线、出线从左到右相间排列，即谓一进一出电能表。即相线从电能表左边两个线孔进出（电源相线接①号桩头，并连②号桩头；负载相线接③号桩头出），中性线从电能表右边两个线孔进出（电源中性线进线接④号桩头，负载中性线接⑤号桩头出）。而相线、中线颠倒错误接线恰相反，相线从电能表右边两个线孔进出；中性线从电能表左边两个线孔进出。

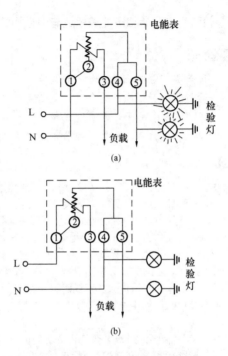

图 2-18　检验灯检测电能表接线示意图

(a)相线与中性线颠倒；(b)正确接线

因此，用检验灯的两引出线跨触电能表右边进线（或出线）与地，灯泡两次均发亮且达正常，便可判定被测电能表接线是相线、中性线颠倒。一旦发现单相电能表接线是相线、中性线颠倒，需立刻纠正。

单相电能表有一个电流线圈和一个电压线圈，电流线圈与电路串联，电压线圈与电路并联。电能表的电源进线相线、中性线颠倒，一般情况下因电能表转动力矩与正确接线时一致，故表计能够正确计量用量。但是，如果负荷线路中性线上有重复接地现象（我国大部分地区配电变压器的中性点是直接接地运行的），负荷电流的一部分便可不经电能表的电流线圈，致使电能表少计电量。更有甚者，因中性线上有接地，中性线干线上的工作电流有一部分经过此电能表及其后中性线上的接地构成回路。因为这个电流的方向与该电能表负荷电流方向相反，所以该电能表会反转。另外，单相电能表的电源进线相线与中性线颠倒，给窃电者以可乘之机。即窃电者可以在室内插座等处将中性线单独引出，接至自来水管或隐蔽处接地的金属管道上，将负载跨接在相线与地线之间。

2-17　检验灯检测日光灯管的好坏

口诀

日光灯管之好坏，检验灯检测判定。

灯管端脚串验灯，跨接二百二电源。

灯亮灯管有辉光，被测灯管端尚好。

灯管无辉光管端，灯丝电子消耗尽。

反复触及灯不亮，管端灯丝已断路。 (2-17)

说明

日光灯管（荧光灯管）使用一段时间，常出现不能启动现象，有的是灯丝断了，有的是灯丝电子发射物质耗尽。

如何判定灯管能否继续使用，可用检验灯检测判定。如图2-19所示，将检验灯串联日光灯管的端管脚后跨接至220V单相交流电源上。如果检验灯发亮，并且灯管也有辉光，则说明被测日光灯管是好的，还可以继续使用；如果有一端属上述情况，另一端检验灯不发亮，说明灯管内灯丝已断。这时，只要用一根细熔丝（3A）或一根细裸铜丝将两个管脚短接还可以继续使用一段时间；如果检验灯发亮，但被测日光灯管无辉光，则说明被测日光灯管的灯丝电子发射物质已耗尽，需要更换新灯管。如果用此法检测某灯管时，灯管两端的检验灯都不发亮，则说明被测灯管的两端灯丝均已断，这时也需要更换新的日光灯管。

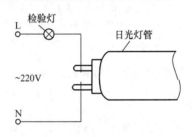

图 2-19 检测日光灯管示意图

在用检验灯检测日光灯管好坏时，为准确判断日光灯管灯丝的电子消耗状况，特别要注意检验灯灯泡与灯管的功率匹配。检验灯的灯泡是 25W 时，可检测 15W 以下的小型管或细管日光灯管；检验灯的灯泡是 60W 时，可检测15～40W 的常用日光灯管。

2-18　检验灯检测日光灯的镇流器好坏

日光灯显不正常，检测镇流器好坏。

镇流器串检验灯，跨接二百二电源。

灯光暗淡红橙色，镇流器内无故障。

亮近正常有短路，不亮断线或脱焊。(2-18)

说明 🔍

当发现日光灯灯丝烧断、灯管忽明忽暗、起跳不正常等现象时，怀疑其镇流器有毛病。这时可用检验灯来检测，如图 2-20 所示，将检验灯和被测镇流器串联后，跨接到交流 220V 电源上，根据检验灯亮度来判断镇流器好坏。

图 2-20　检测镇流器示意图

（1）检验灯呈红橙色，即发光暗淡，则说明被测镇流器无故障，是好的。日光灯的不正常现象应另查找原因。

（2）检验灯亮度接近正常，则说明被测镇流器内局部短路或烧毁，应更换新的镇流器。

（3）检验灯不亮，则镇流器内断线（包括引出线断线）或脱焊。若断线则应更换；若引出线脱焊应连接焊好再使用。

注意：用检验灯检测日光灯的镇流器好坏的方法，只适用于电感式镇流器。新型的电子镇流器不能用此法检测。

2-19 检验灯检测螺口灯头的接线状况

口诀

螺口灯头的接线，应用检验灯检测。
正常通电情况下，单极开关未闭合。
验灯两条引出线，一头触及接地线，
另一头触及灯泡，金属螺纹外露处。
接线正确灯不亮。灯亮说明接线错：
验灯亮度达正常，中心电极接中线；
亮度不达正常时，中心电极接相线；
错误接线相同处，开关串接零线中。(2-19)

说明

螺口灯头事故多，主要原因是接线错误。我国生产的螺口灯泡 E27 和 E40 的金属螺纹，在灯泡旋入灯座后，总有很大一段的金属部分外露，如图 2-21 所示。螺口灯头作为工矿企业生产照明和家庭室内照明时，常因接线错误而在更换灯泡时，

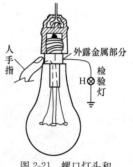

图 2-21 螺口灯头和
灯泡组装示意图

人手指　外露金属部分　检验灯 H⊗

100

操作者手指触及灯泡外露的金属部分而发生触电事故。在正常通电未闭合单极控制开关 SA 情况下，用检验灯 H 一端引出线线头触及接地线或中性线 N，另一端引出线线头触及灯泡的金属螺纹外露部分，如图 2-22 所示。检验灯 H 不亮，说明被测螺口灯头的接线是正确的：单极开关 SA 串接在相线中，且相线 L 接在螺口灯头的中心电极上。如果验灯 H 亮，则说明被测螺口灯头的接线是错误的：亮度

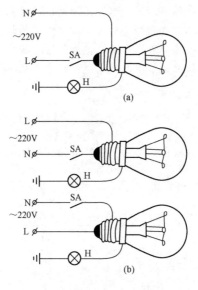

图 2-22　检测螺口灯头接线示意图

(a)正确接线；(b)两种错误接线

达正常时，相线 L 不接在螺口灯头的中心电极上，单极开关 SA 未接在相线中；亮度不达正常时（亮度与所装灯泡的容量大小成反比），相线 L 接在螺口灯头的中心电极上，但单极开关 SA 未接在相线中。

2-20　检验灯测判电源变压器绕组有无匝间短路

口诀

电源变压器绕组，匝间短路较难判。

二次绕组断负荷，一次绕组串验灯。

跨接二百二电源，匝间短路灯较亮。

灯丝微红不发亮，绕组正常无短路。（2-20）

说明

通过万用表欧姆挡能比较容易地测量判定电源变压器绕组的断线（开路）故障。但要判定电源变压器部分绕组的短路就较困难了，尤其是当绕组短路的圈数很少时（匝间短路），其直流电阻不会发生明显变化。采用检验灯检测可以较方便准确地判断。如图 2-23 所示，在电源变压器二次绕

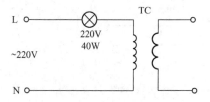

图 2-23　检测电源变压器绕组有无匝间短路故障

组开路(断开负载)情况下，变压器一次电路中串入检验灯，然后接通220V交流电源。检验灯灯丝微红不发亮或发很暗淡光，说明被测电源变压器绕组内无短路故障；如果检验灯较亮，则说明被测电源变压器绕组内有短路故障，应进行检修或更换。

2-21 检验灯检测低压电动机的绝缘状况

💡 **口诀**

> 低压电动机绝缘，检验灯粗略检测。
> 控制电机接触器，验灯跨触上下侧。
> 灯泡一点也不亮，电动机绝缘尚好。
> 灯丝微红轻损坏，亮度正常严重坏。(2-21)

🔍 **说明**

低压电动机的绝缘状况，最好用500V绝缘电阻表测量检查。在没有绝缘电阻表等的特殊情况下，可采用检验灯粗略检测。此方法有一定实用价值，方便且可靠。

如图2-24所示，将检验灯的两根引出线线头跨触，直接接通低压电动机电源相线的负荷开关或接触器的上下侧接线桩头。如果检验灯一点也不亮，说明被测电动机的绝缘尚好，可以送电运行；如果检验灯灯丝微红，则表明被测电动机的绝缘轻微损坏，稍有漏电现象，但在紧急情况下，如保护灵敏可靠，可以送电使用；如果检验灯发亮正常，则说明被测电动机的绝缘严重损坏，不能送电，急需检修或更换新电动机。

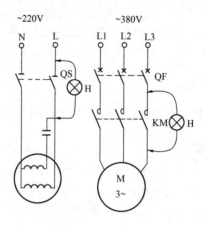

图 2-24　检测电动机绝缘示意图

2-22　检验灯检测低压三相电动机电源断相运行

电动机断相运行，检验灯逐相检测。

接通电源接触器，或熔断器上下侧。

验灯跨触灯不亮，被测电源相正常。

灯丝发红亮暗光，触头烧毛熔丝断。（2-22）

说明 🔍

低压三相异步电动机因电源断相运行而烧毁的数量很惊人，其多数情况是低压断路器或隔离开关接触不良；接触器触头烧毛，不能可靠接触接通；熔断器使用期过长而熔丝氧化腐蚀，受起动电流冲击而烧断等。用检验灯检测三相异步电动机电源断相运行故障的方法有两种，且这两种方法既可单独使用，又可同时使用，相互验证。

（1）如图 2-25 所示，用检验灯的两根引出线线头分别跨触接通电动机电源相线的隔离开关、断路器、熔断器以及接触器的各相上下侧接线桩头。如果检验灯不亮，说明被测电源相正常；如果检验灯突然灯丝发红亮暗光，则说明被测电源相有断相故障，并且断相故障点在被测的隔离开关、断路器、熔断器或接触器该相动静触点（熔断器中的熔体）间断线开路，或存在严重的接触不良。所检测的电动机电源断相运行，需立即停止运行，排除故障。其依据是三相异步电动机断相运行理论。

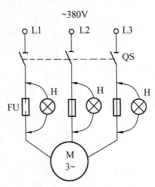

图 2-25　检测低压三相电动机
电源断相运行示意图

运行中的星形接法三相电动机如图 2-26(a)所示。当一相熔断器熔丝烧断，即断了一相电源时，电动机仍继续运转。断相的电动机绕组仍有感应电压产生，其感应电压的大小和电动机的转速有关。当负载很轻，电动机转速接近同步转速时，感应电压接近电网电压；反之，负载较重，转速变低，感应电压也变低，低的程度视负载而定。已熔断熔丝熔断器两端的电压值 $U' = U'_{L1} - U_{U1}$。其中，U'_{L1} 是指 L1 相对电动机中性点(U2、V2、W2)而言的电压，U_{U1} 是随负载变化的低于相电压的感应电压。U' 值经实测一般在 $50\sim120V$，负载轻时偏近于 $50V$，负载重时偏近于 $120V$。

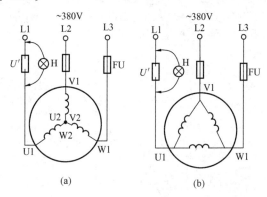

图 2-26　电动机断相示意图

(a)星形接法电动机；(b)三角形接法电动机

　　运行中的三角形接法三相异步电动机如图 2-26(b)所示。当一相熔断器熔丝烧断后，断相一线所连接的电动机定子两个绕组串联与第三个绕组（受全线电压作用的绕组）并接在线电压上，电动机单相运行。已烧断熔丝熔断器两端的电压U'，近似等于断相相电压与未断相相间线电压的1/2矢量和，其值在70V左右。故有"当电动机断相运行时，若其断开点间的电压低于70V，则可安全运行；若大于70V，则可能导致电动机烧毁"的说法。

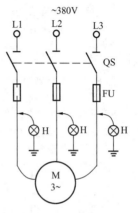

图2-27　检验灯检测电动机电源断相运行示意图

（2）如图2-27所示，将检验灯的一根引出线线头可靠接地或接触中性线，检验灯的另一根引出线线头分别触及直接通电动机电源的断路器，或接触器、熔断器的各相下侧接线桩头。检验灯亮且达正常亮度，则说明被测电源相正常没有断相；若灯微亮只有灯丝发红，则说明该相电源已断线或严重的接触不良，需立即停机进行检修。

2-23　检验灯监测封闭式三相电热器电阻丝烧断故障

口诀

封闭三相电热器，电阻丝烧断监测。

星形接法中性点，接地线间接验灯。

三相电阻丝正常，验灯一点也不亮。

灯丝发红暗淡亮，一相电阻丝烧断。

灯泡亮度达正常，两相电阻丝烧断。(2-23)

说　明

在制氧车间等易爆的场所，经常使用封闭式三相电热器，及时了解这种电热器的运行情况，对保证箱内的正常温度是很重要的。如图 2-28 所示，在电热器的中性点 O′ 和接地线之间跨接检验灯，根据检验灯亮度的变化情况即可判断正在运行的星形接法三相电热器的断相故障。

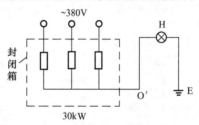

图 2-28　监测电热器电阻丝烧断
故障示意图

当电热器内三相电阻运行正常时，配电变压器低压侧的中性点直接接地后引出的地线 E 与电热器的中性点 O′ 是等电位，跨接的检验灯不亮；当电热器某一相电阻丝烧断时，电热器中性点电位约 110V，检验灯灯丝发红亮度暗淡；当电热器中有两相电阻丝烧断时，相当于电热器正常运行的一相与检验灯串联后接于 220V 电源上，又因检验灯灯泡(220V，25W)的电阻大大超过电热器电阻，所以加在检验灯两端的电压接近 220V，故检验灯显示出正常亮度。

2-24 检验灯判别静电与漏电

💡 口诀

设备外壳电笔测，氖管发亮有电压。

带电部位大地间，跨接验灯来判断。

验灯不亮是静电，灯亮不熄为漏电。(2-24)

说明 🔍

用测电笔测试用电设备外壳时，如果氖管发亮，说明外壳确实有电。究竟是漏电还是静电可用检验灯快速判别。实例如下：

某厂铸造车间的桥式行车出现了异常带电情况（机加工车间也易发生类似情况）。地面上的一位操作工用手去牵动行车的起重挂钩来钩挂铁水包，在手指触及挂钩的一刹那，有强烈的麻电感，整个手臂瞬间就麻木了，于是顺势一甩，手指离开了挂钩，因而未造成触电伤害。因高温铁水亟待吊运，所以马上请来电工检修。电工用测电笔测试挂钩，电笔氖管发亮，说明挂钩的确带电；又用万用表的电压挡测量，其对地电压高达 154V。

当时认为是漏电，于是用绝缘电阻表去检查线路、电器的绝缘，却未发现异常。后来用检验灯两引出线头触及挂钩与接地线，检验灯一点也不亮；紧接着又用万用表测量挂钩的对地电压，此次电压值为零。据此得出挂钩的带电不是漏电引起而是静电造成的。在正常情况下，行车轨道接地良好，在运行中产生的静电荷不会大量积聚和呈现很高的电位。由于维护管理不当，行车轨道上积满了灰尘和油污，因而造成接地不良，产生的静电荷就积聚在行车上，越积越多而呈现很高的电位。当人触及挂钩时，行车上的静电荷经人体入地，所以有麻电感；因触及时间很短暂，静电荷没有被完全中和，故用万用表测试时仍高达154V。用检验灯跨触挂钩与地时，因积蓄的静电荷毕竟有限，不能形成持续电流，故检验灯不亮，但静电荷却通过检验灯灯丝入地而被中和掉了，因而随后再用万用表测量电压为零。如果积蓄的静电荷相当多，也可能使检验灯灯丝在瞬间微微发红，但不能使检验灯持续地正常发亮。

如果是漏电，其检测结果与上述截然不同。选用电压接近的检验灯去测试，会持续地亮，且检验灯引线头去触及挂钩时，会有明显的火花和声响。

维修电工在长期工作实践中总结出：当用测电笔测试用电设备外壳带电时，将检验灯跨接在带电部位与大地间。验灯持续地亮则是漏电；检验灯不亮则是静电。

第3章

有的放矢表测判

3-1　正确使用万用表

口诀

正确使用万用表，用前须熟悉表盘。
两个零位调节器，轻轻旋动调零位。
正确选择接线柱，红黑表笔插对孔。
转换开关旋拨挡，挡位选择要正确。
合理选择量程挡，测量读数才精确。
看准量程刻度线，垂视表面读数准。
测量完毕拔表笔，开关旋于高压挡。
表内电池常检查，变质会漏电解液。
用存仪表环境好，无振不潮磁场弱。　　(3-1)

说明

万用表是电气工程中常用的多功能、多量程的电工仪表。它虽不适用于精密测量，但用这种表可进行各种电量的测量，在检查电路的故障等场合，它是最方便的仪表。电工型指针式万用表是采用磁电系测量机构作表头，配合一个或两个转换开关和测量线路以实现不同功能和不同量限的选择。万用表可以测量交直流电流、交直流电压和电阻。有的万用表还有许多特殊用途，如测量电容、电感量、音频电平和晶体管参数等。由于其使用方便，所以特别适用于供电线路和电气设备的检修，是电工的"眼睛"。因为万用表的测量项目多、量程多，使用次数频繁，所以稍有疏忽，轻则损坏元件，重则烧毁表头，造成不应有的损失。因此必须注意正确使用的方法。

（1）万用表使用之前，在详读使用说明书的情况下，必须熟悉盘面上每个转换开关、旋钮、按钮、插孔和接线柱的作用和使用方法，了解分清表盘上各条刻度线所对应的测量值。图 3-1 为常用的 MF-30 型万用表盘面图。图 3-1 中最上面第一条刻度线的右边标有"Ω"，表示这是电阻刻度线。但需注意刻度线上读取的数值，要乘上所选量程

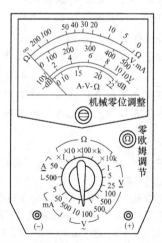

图 3-1　常用的 MF-30 型万用表盘面图

的挡数，才是被测电阻的阻值。如用 $R \times 100$ 挡测得某电阻刻度尺上读数为 4，则实际阻值为 $4 \times 100 = 400$（Ω）。再如第二条是电压和电流的共同刻度线。有时从刻度线上找不到相对应的转换开关量程，如交流电压挡开关量程最高可达 500，而刻度尺最大指示为 250。测量时，应将刻度线上的读数乘以量程转换开关挡数与刻度尺最大量程之比的倍数。例如用 500-1 型万用表交流 500V 电压挡位测电压，在 250V 标尺上读数为 190V，则实际电压应为 $190 \times (500 \div 250) = 380$（V）。

（2）万用表在使用时应水平放置。用前还要观察表头指针在静止时是否对准零位，若发现表针不指在机械零点，须用小螺钉旋具调节表头上的调整螺钉，使表针回零。调整时视线应正对着表针；如果表盘上有反射镜，眼睛看到的表针应与镜里的影子重合。

万用表有两个指针零位调节器，一个是机械零位调节器，另一个是测量电阻时用的电阻零位调节器。在使用时应轻轻旋动，慢慢调节，切忌过分用力，避免旋转角度过大。

（3）万用表在使用时，红表笔应接在标有"＋"号的接线柱上，作为表的正极性测量端；黑表笔应接在标有"－"或"＊"号的接线柱上，作为表的负极性测量端。尤其在测量直流电压或电流时，切记要认真复查一次，同时应将红表笔接被测电路的正极，黑表笔接被测电路的负极。否则极性接反会撞坏指针或烧毁仪表。有些万用表另有交、直流 2500V 的高压测量端钮，若测量高压时，可将红表笔插在此接线柱上，黑表笔不动（测量高压时，应使用专用测量线）。

（4）使用万用表测量前，必须明确要测什么和怎样测，根据测量对象将转换开关拨到所需挡位上。如测量直流电压时，将开关指示尖头对准"V"符号的部位；测量交流电压时，应将转换开关放在相应的"V"挡上。其他测量也按上述要求操作，尤其是进行不同项目的测量时，一定要根据测量项目选择相应的测量挡位。如果用电流挡去测量电压或用电阻挡测量电压，就会烧坏仪表。

（5）用万用表测量前，首先对被测量的范围作个大概估计，然后将量程转换开关拨到该测量挡适当量程上。如无法估计被测量的大小范围，应先拨到最大量程挡上测量，再逐渐减小量程到适当的位置。即待被测量的数值使仪表指针指示在满刻度的 1/2 以上、2/3 附近时即可，这样可使读数比较精确。

（6）万用表上有多种刻度线，它们分别适用于不同的测量对象。读取测量读数时，要看准所选量程的刻度线，特别是测量 10V 以下小量程电压挡。既应在对应的刻度线上读数，同时也要注意刻度线上的读数和量程挡相配合。看读数时目光应当和表面垂直，不要偏左偏右，否则读数将有误差。精密度较高的万用表，在表面的刻度线下有一条弧形镜子，读数时表针与镜子中的影子应重合才能准确。

（7）万用表每次测量工作完毕，应将表笔从插孔内拔出，并将选择开关旋至交流电压最高挡或空挡上（500 型万用表有空挡）。这样可以防止转换开关放在欧姆挡时表笔短路，长期消耗电池；更重要的是防止在下次测量或别人使用时，因粗心忘记拨挡就去测量电压，而使万用表烧坏。

（8）万用表最好应用防漏型电池。如使用一般干电池，必须常检查。避免电池耗尽或存放过久而变质，漏出电解液腐蚀电池夹和电路板。长期不使用时，可将电池取出。无电池时也可测量电压和电流。

（9）应于干燥无振动、无强磁场、环境温度适宜的条件下使用和保存万用表，防止表内元件受潮变质。机械振动能使表头磁钢退磁，灵敏度下降；在强磁场（如发电机、电动机、母线）附近使用，测量误差会增大；环境温度过高或过低，均可使整流元件的正反向电阻发生变化，改变整流系数，引起温度误差。在进行高电压测量时，要注意人身和仪表的安全。

3-2 正确运用万用表的欧姆挡

💡 **口诀**

> 正确运用欧姆挡，应知应会有八项。
> 电池电压要富足，被测电路无电压。
> 选择合适倍率挡，针指刻度尺中段。
> 每次更换倍率挡，须重调节电阻零。
> 笔尖测点接触良，测物笔端手不碰。
> 测量电路线通断，千欧以上量程挡。
> 判测二极管元件，倍率不同阻不同。
> 测试变压器绕组，手若碰触感麻电。　（3-2）

🔍 **说明**

万用表俗称三用表，是一种可以测量多种电参量的多量限可携式电工必备仪表。万用表测量直流电压挡的误差最小，是因为其测量线路最简单，如图 3-2 所示。测量交

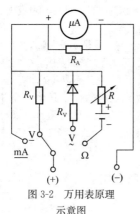

图 3-2　万用表原理
示意图

流电压的线路虽基本上与测量直流电压的相同，但却多一非线性元件整流二极管，所以误差比前者大。在测量电阻时，必须用电池作电源，电池的电压会随时间而变化，即使采用调节电阻 R，也会产生误差，因为仪表刻度时的电阻（$R_A + R$）与使用时不同。因此，三项测量中欧姆挡误差最大。所以在使用万用表时应正确运用欧姆挡，其应知、应注意事项如下：

（1）用欧姆挡测量电阻前，要检查一下表内电池电压是否足够。检查的方法是将种类挡转换开关置于欧姆挡，倍率转换开关置于 $R \times 1$ 挡（测 1.5V 电池）或 $R \times 10k$ 挡（测量较高电压电池）。将表笔相碰看指针是否指在零位，若调整调零旋钮后，指针仍不能指在零位，说明表内的电池失效，需要更换新电池后再使用。

（2）严禁在被测电路带电的情况下测量电阻（包括电池的内阻）。因为这相当于接入一个外加电压，使测量结果不准确，而且极易损坏万用表。

（3）测量电阻时，要选择合适的电阻倍率挡，使仪表的指针尽量指在刻度尺的中心位置或接近 0Ω 位置（此段位置分度精细），一般在 $0.1R_0 \sim 10R_0$（R_0 为欧姆挡中心值）的刻度范围内，读数较准。

（4）每次更换电阻倍率挡时应重新检查零点，尤其是当使用1.5V五号电池时。因为电池的容量有限，工作时间稍长，电动势下降，内阻会增大，使欧姆零点改变。在测量的间歇，勿使两支表笔短路，以免空耗电池。

（5）在测量电阻时，要把两端的接线或其他元件的线头用小刀或砂布刮净，露出光泽，以免影响读数准确。在测量时，人的两手不要碰触两支表笔的金属部分或被测物的两端（正常情况下，人的两只手之间的电阻在几十到几百千欧之间，当两只手同时接触被测电阻的两端时，等于在被测电阻的两端并联了一个电阻，以免产生误差。

（6）测量电路或导线是否导通时，使用 kΩ 挡或 10kΩ 挡，则能延长表内电池寿命（电阻倍率挡越大，内部电阻就越大），并且指示也清楚。

（7）采用不同倍率的欧姆挡，测量二极管的正向电阻时，测出的电阻值不同。二极管是非线性元件，其阻值随着加在它上面的电压不同而不同。用万用表欧姆挡测二极管的正向电阻时，虽然不同的欧姆挡（除 $R \times 10k$ 挡外）所采用的电池电压是相同的，但所对应的内阻不同（其中，$R \times 1$ 挡的内阻最小，随着欧姆挡倍率的增加，其内阻也相应递增），加至被测二极管两端的电压就不同，结果使被测二极管反映出不同的阻值。

（8）用欧姆挡测量未接电源的变压器二次绕组电阻时（断电电动机两根相线的电阻时），有麻电感觉。磁场和电场一样是具有能量的。变压器在一次侧开路、二次侧无负载时，相当于一只有铁心的电感线圈。当人的两手分别握住万用表两支表笔去接触变压器二次绕组的接线柱时，万用表电源（1.5V）向绕组线圈充电，并在线圈中转换成磁场能量储存起来。如人手握表笔与接线柱接触良好时，因线圈的电阻和万用表表头的内阻较小，流过线圈的电流约为 11mA（×1Ω 挡）或 6.5mA（×10Ω 挡）。如接触不良或两手中任何一手离开接线柱的瞬间，由于万用表电源被断开，线圈中储存的磁场能量就要通过人体放出。因放电回路的电阻远大于充电回路的电阻，为了阻止线圈中的电流突然变小，在线圈中产生一个自感反电动势（为 70～100V），使人有麻电的感觉。但由于磁场的能量不大，放电电流很小，所以对人体没有伤害。若正确使用万用表，这类麻电现象是完全可以避免的。

3-3　万用表测量电压时注意事项

💡 口诀

用万用表测电压，注意事项有八项。
清楚表内阻大小，一定要有人监护。
被测电路表并联，带电不能换量程。
测量直流电压时，搞清电路正负极。
测感抗电路电压，期间不能断电源。
测试千伏高电压，须用专用表笔线。
感应电对地电压，量程不同值差大。　（3-3）

🔍 说明

使用万用表测量电压是带电作业，应注意安全问题。除应特别注意检查仪表的表笔是否破损开裂，引接线是否有破损露铜等现象外。在具体操作时注意事项如下。

（1）用万用表测量电压时，要特别注意其内阻的大小，即 Ω/V 是多大。这个值越大，对被测电路工作状态的影响就越小，这一点对于测量高阻抗的电路具有重要意义。因此，在测高内阻电源的电压时，应尽量选较大的电压量程。因为量程越大，内阻也越高，这样表针的偏转角度虽然减小了，但是读数却更真实些。

（2）用万用表测量电压时，要有人监护，监护人的技术水平要高于测量操作人。监护人的作用有两条：一是使测量人与带电体保持规定的安全距离；二是监护测量人正确使用仪表和正确测量，不要用手触摸表笔的金属部分。

（3）万用表测量电压的接线方式，应将万用表并联在被测电路或被测元器件的两端。测直流电压时（直流为 $\underline{V}$ 挡），应注意正负极性。如果误用直流电压挡去测交流电压，表针就不动或略微抖动；如果误用交流电压挡（$\underset{\sim}{V}$）去测直流电压，读数可能偏高一倍，也可能读数为零（和万用表的接法有关）。选取的电压量程尽量使表针偏转到满刻度的 1/2 或 1/3 处。

（4）测量较高电压（如 220V）时，严禁拨动量程选择开关，以免产生电弧，烧坏转换开关触点。

（5）测量直流电压时要与被测元件并联，并且表的两个表笔不可随意地与被测元件的一端相连。而是黑表笔（插座处标出"−"号）与被测元件的负极端相接；红表笔（插座处标出"+"号）与被测元件的正极端相接。这样表针才会向有读数的方向（向右）摆动，否则表针将反转。在测量较高的电压时，表针反向摆动的力也会较大，有可能将表针打断。

在测量直流电压时，如不知道被测部分的正负极，可选用最高的一挡测量范围，然后将两支笔快接快离，注意表针的偏转方向以辨别正负极。

(6) 测量有感抗的电路中的电压时，必须在切断电源之前先把万用表断开，防止由于自感现象产生的高压损坏万用表。

(7) 被测电压高于安全电压时须注意安全。应当养成单手操作的习惯，预先把一支笔固定在被测电路的公共端，再拿着另一支笔去碰触测试点，以保持精神集中。

测量 1000V 以上的高电压，必须使用专用绝缘表笔和引线。先将接地表笔接在低电位上（一般是负极），然后一只手拿住另一支表笔接在高压测量点上。最好另有一个人看表，以免只顾看表导致手触电。千万不要两只手同时拿着表笔，空闲的一只手也不要握在金属类接地元件上。表笔、手指、鞋底应保持干燥，必要时应戴橡皮手套或站在橡皮垫上，以免发生意外。

(8) 用万用表不同的电压量程挡测量感应电对地电压时，测量结果相差很大。感应电实质上是电气设备通电线圈与铁心间存在分布电容所造成的。例如一台铁心不接地的控制变压器，如图 3-3 所示，其一次线圈与铁心间分布电容可用等效电容 C 来代替，当用万用表电压挡来测量感应电对地电压时，就相当于电源电压 U 加在 C 和万用表电压挡的内阻 R_0 所组成的串联电路上，万用表所指示的电压值就是 R_0 所取得的分压 U_{R0}，即 $U_{R0} = IR_0 = \dfrac{U}{\sqrt{R_0^2 + X_C^2}} R_0 = \dfrac{U}{\sqrt{1 + (X_C / R_0)^2}}$。

由于 U 和 C 是定值，即等效抗 X_C 也是定值，但电压挡量程越小，R_0 越小，则所测得的电压值也越小，所以测

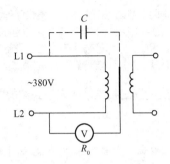

图 3-3　测量感应电对地电压示意图

得的结果大不相同。

3-4　万用表测量直流电流的方法

💡 **口诀**

> 用万用表测电流，开关拨至毫安挡。
> 确定电路正负极，表计串联电路中。
> 选择较大量程挡，减小对电路影响。　（3-4）

🔍 **说明**

使用万用表测量直流电流，将转换开关拨至 "mA" 挡适当位置上。在测量之前要将被测电路断开，然后把万用表串联到被测电路中。绝对不能将两表笔直接跨接在电源上，否则，万用表会因通过短路电流而立刻烧毁。同时应注意正负极性，若表笔接反了，表针会反转，容易使表针碰弯。

测量低电阻电路中的电流时,仪表量程的内阻与电路串联连接,会使电阻部分的电流减少。电路的电阻越小,其影响越大。因此,应尽量选择较大的电流量程,以降低万用表内阻,减小对被测电路工作状态的影响。

3-5 直流法判别三相电动机定子绕组的首、尾端

💡 口诀

三相电动机绕组,首尾直流法判断。

万用表拨毫安挡,直流电源干电池。

一相绕组接仪表,另相绕组触电池。

通电瞬间表针转,反转正极都是首。

若不反转换接线,余相绕组同法判。 (3-5)

说明 🔍

三相电动机定子绕组首、尾端的判别是维修电动机时经常遇到的问题,通常采用直流法(电池—毫安表法)判别。具体说来,先用万用表的欧姆挡找出三个绕组的两个引出线端头,然后将任一相绕组引出线头接到万用表的毫安挡,再把另一相绕组两个引出线头触及直流电源——电池(3V左右)两电极。令其短暂通电,由于电磁感应,仪表指针将会瞬间转动。当表针反向转动时,则接万用表正(红)表笔的 U1 和触及电池正极的 V1 是绕组的同名端,叫首(或尾)端;当表针正转而不反转时,应将电池(或万用表)的正负接线对换一下,就会产生反转,由此再来判断首和尾。剩余的一相绕组首和尾也用同样的方法来判别。

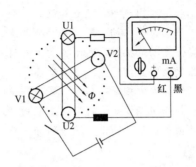

图 3-4　直流法测判绕组首、尾端示意图

现用图 3-4 所示说明。在 V1-V2 绕组上接直流电源（V1 接 "+"，V2 接 "-"）后，在通电的瞬间，V1-V2 绕组中产生增长的磁通量 Φ 同时穿过 U1-U2 绕组。由楞次定律可知，U1-U2 绕组感生电流的磁场要阻碍磁通量的增加，即产生一个反向磁场。此感生电流的方向从 U1 端流进、U2 端流出，因此线圈内接的仪表指针反向转动。所以说当表针反转时，接电池正极和万用表正（红）表笔的都是绕组同名端的首（或是尾）。同理同法，可以判别出W1-W2绕组的首尾来。

口诀（3-5）中，关键的一句是 "反转正极都是首"。实际运用时只需记住这一句，其他的动作无须硬记。

3-6　剩磁法判别三相电动机定子绕组的首、尾端

💡 **口诀**

运转过的电动机，首尾剩磁法判断。

三相绕组出线头，做好标记后并联。

万用表拨毫安挡，跨接并联公共点。

慢慢盘动电机轴，同时观看仪表针。

指针无明显摆动，三首三尾各并连。

指针向左右摆动，二首一尾并一端。

一相绕组调换头，再用同法来测辨。

直至表针不摆动，首尾分别并一端。　(3-6)

说明 🔍

　　三相异步电动机定子绕组的六个出线头，有首端、尾端之分，在接入电源时绝对不允许搞错。一些存放时间较长或经过多次检修的电动机，常常发现定子绕组的首、尾难以分清。对此可用一块万用表判别电动机定子绕组首、尾端，即用剩磁法判别电动机绕组首尾。判别方法步骤如下：

　　首先用万用表高阻挡找出被测电动机三个定子绕组属于同一相绕组的两个线头，并做好标记记号。然后抽出三个绕组的任意三个线头用导线连接在一起设为 A，将另三个线头连接在一起设为 B，如图3-5所示。用万用表的毫安挡中最小量程挡，把红黑两表笔分别接于 A 和 B。这时慢慢地盘动被测电动机转轴，同时观看万用表指针摆动的情况：如果指针向左右摆动明显，说明有一相绕组的首和尾与其他两相绕组的首和尾相反，如图3-5 (a)所示。任意调换其中一相绕组线头的位置，再用同样的方法测辨，直到万用表指针无明显摆动为止。此时接在一起的三个线头就是绕组的三个相的首或尾，如图3-5 (b)所示。

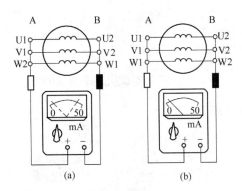

图 3-5 剩磁法判别绕组首尾端示意图

（a）首、尾端混合并在一起；（b）首、尾端分别并在一起

对于绕线型三相异步电动机，只要在集电环处将转子短接后，同样可用上述方法进行判别。

剩磁法判别三相电动机定子绕组首尾端，被测试的电动机转子中必须有剩磁，即必须是运转过的电动机。判别原理是：转子剩磁相当于一个永久磁铁，当转轴盘动时就形成旋转磁场，在定子的三相绕组中分别感应出三个微小的交变电动势。当其中一相定子绕组的首和尾与其他两相绕组的首和尾相反时，在 A、B 两端出现电位差。此时接在 A、B 之间的万用表成为电路中的负载，因而产生了一个微小的交变电流，使万用表指针出现左右摆动。当三相绕组的首和尾分别接在一起时，旋转着的转子在三相绕组中感应的电动势矢量和为零，所以在 A、B 两端没有电位差存在，电路中不会有电流流过，万用表指针就不会左右摆动或出现非常轻微的抖动（这是由于三相绕组及磁路不对称所致）。在测试中，若指针向左摆动因挡针所挡而不明显，可以通过调零螺钉人为地将指针向右调一点，就可以看清左右摆动。切记：万用表用后不要忘记将指针复位到零位。

3-7 环流法判别三相电动机定子绕组的首、尾端

口诀

运转过的电动机，首尾环流法判断。
三相绕组出线头，互串接成三角形。
万用表拨毫安挡，串接三相绕组中。
均匀盘转电机轴，同时观看仪表针。
指针基本不摆动，绕组首尾相连接。
指针摆动幅度大，一相绕组头颠倒。
两连接点两线头，都是首端或尾端。 (3-7)

说明

环流判别法所测试的三相电动机转子必须有剩磁，即电动机必须是运转过的。运用此法时，首先用万用表 $R \times 100$ 挡测试电动机定子三相绕组的六个引出线头，电阻值最小的两个引出线头为一相绕组。然后将三相绕组相互串联成三角形接线。将万用表拨至毫安挡中最小量程挡，并将其串联接在电动机三角形接线的三相绕组中（断开一处连接角点，将仪表跨接两引出线头），如图 3-6 所示。此时用手盘动电动机转轴，速度均匀不宜过快，且注意观察万用表指针摆动情况。如果万用表指针不动或摆动幅度很小，则说明被测电动机定子绕组六根引出线头首、尾端连接；

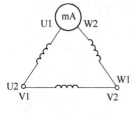

图 3-6 环流法测判绕组
首、尾端示意图

如果指针摆动幅度大，可先将未同万用表相连的绕组的两个引出线头调换后再测试。若指针不动，说明绕组的首尾端连接正确；如果万用表指针仍然向左右摆动，则说明与万用表连接的两绕组引出线头都是首端或尾端。此时，可调换与万用表连接的两绕组中一相绕组的引出线头（把未同万用表相连的绕组的两个引出线头调换复原），调换位置后再测试，直至万用表指针无明显摆动、六根引出线头首、尾端连接正确为止。

3-8　万用表测判三相电动机转速

💡 **口诀**

三相电动机转速，运用万用表测判。

打开电机接线盒，拆除接线柱连片。

万用表拨毫安挡，跨接任一相绕组。

盘动转子转一周，观看指针摆几次。

二极电机摆一次，同步转速三千整。

四极电机摆两次，同步转速一千五。

以此类推判转速，转速略低同步速。　　（3-8）

说明 🔍

若遇无铭牌三相异步电动机，手头上又没有离心式或

127

光电式转速表，对此可用万用表来测判其转速。具体操作方法和步骤如下：

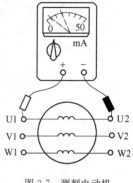

图 3-7　测判电动机
转速示意图

打开无铭牌电动机接线盒盖，拆下接线柱上的连接片（星形接法的电动机无需拆下），找出任意一相绕组的两个接线柱，并把它们接至万用表毫安挡中最小量程挡，如图 3-7 所示。然后用手转动电动机转轴，将转子慢慢均匀地旋转一周，看仪表的指针左右摆动几次（使用过的旧电动机转子铁心上总有一定的剩磁，转子旋转时，定子绕组上就感应出交流电动势，万用表表头上有交流电流通过）。如果摆动一次，则表明电动机转子在旋转一周时，定子绕组中的感应电流变化一个周期，即表明被测电动机有一对磁极，为 2 极电动机；若摆动两次，则表明被测电动机有两对磁极，即为 4 极电动机，以此类推。

利用判断出的极对数，即可得知电动机的同步转速，见表 3-1 所列。电动机的额定转速略低于同步转速的 1%～6%（小功率电动机的转速要低 3%～6%；大中功率电动机的转速要低 1%～3%）。

测判电动机的转速时要注意：长期闲置未使用的电动机在应用上述方法时，仪表指针会毫无反应。这是电动机剩磁消失的缘故。此时只要将被测电动机通电旋转 3～5min，然后再用上述方法，即可判断出它的极数。

表 3-1   表针摆动次数与极对数的关系

转子旋转一周时表针摆动次数	极对数 p	电动机极数	同步转速（r/min）
1	1	2	3000
2	2	4	1500
3	3	6	1000
4	4	8	750
5	5	10	600

3-9 检测家庭装设接地保护线的接地电阻

💡 口诀

家庭装设接地线，测试接地电阻值。

万用表拨电压挡，千瓦电炉接相零。

测得电炉端电压，算出工作电流值。

电炉改接相地线，再测电炉端电压。

两次端电压数差，除以工作电流值。

商数接地电阻值，约百分之五误差。   (3-9)

🔍 说明

接地电阻一般采用接地电阻测量仪（接地摇表）测量，但有的场所不宜找到或不易用此仪器测量（如家庭装设接地保护线），或测试点周围都是混凝土地面，无法打入测试棒。现介绍一种不用接地电阻测量仪测量接地电阻的方法。

(1) 原理。用一只 1kW 的电炉作为负荷电阻，接通其电源，测得此时的电炉端电压 U，并以此电压求出电炉的工作电流 $I = U/R$。接着用接地线替换原电源中性线，使该电炉工作，再测得这时电炉的端电压为 U'，如图 3-8 所示。再求出经接地线和接地电阻产生的电压降 $\Delta U = U - U'$。这样就能很方便地求出接地电阻 $R_E = \Delta U/I$（接地导线电阻忽略不计）。

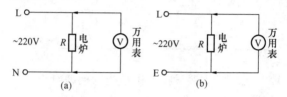

图 3-8　检测接地保护线接地电阻值示意图

(a) 电炉跨接相零线；(b) 电炉跨接相地线

(2) 实例。电炉功率 1kW，电炉丝的热电阻为 U^2/P $= 220^2/1000 = 48.4$（Ω），将电炉接通电源，用万用表测得电炉端电压 U 为 210V，此时电炉的工作电流 $I = U/R = 210 \div 48.4 = 4.3$（A）。这时用接地线替换中性线工作，测得电炉的端电压 $U' = 200V$。则接地电阻 $R_E \approx (U - U')/I = (210 - 200) \div 4.3 = 2.32$（Ω）。

工作实践中，用接地电阻测量仪与上述简易测试法所测得数据进行过多次比较，误差约为 ±5%，可适用于要求不很高的场所，特别适用于检测家电装设接地保护线的接地电阻。

(3) 测试时注意事项：①此法不能使用于中性点不直接接地的 IT 系统；②因整个工作过程均带电操作，所以非专业电气工作者不能进行此项工作，并需预先做好有关安

全措施;③电炉的接线,特别是接地线应采用大于或等于
2.5mm² 的多股铜心绝缘线,且接线要牢固可靠。

3-10 识别低压交流电源的相线和中性线

低压三相四线制,电源相线中性线。

万用表拨电压挡,量程交流二百五。

一笔连接接地点,另笔触及电源线。

指针偏转弧度大,表笔触的是相线。

表针不动略偏转,表笔触及中性线。(3-10)

说明 🔍

我国低压供电线路多是采用三相四线制,便于供动力
和照明用电。用万用表识别交流电源的相线和中性线的方
法如下:

(1)将万用表拨到交流 250V 挡,就近寻找良好接地
点,如水管、潮湿的大地等。一支表笔和大地连接好,然
后拿另一支表笔去触及电源线,如图 3-9 所示。如果仪表
指针偏转弧度较大,则表笔触及的电源线是相线;如果仪
表指针偏转弧度很小或者不动,表笔触及的电源线是中
性线。

(2)将万用表拨到交流 250V 挡,用一支表笔接交流电
源的任意一根线,另一支表笔悬空或放置在木桌上,人体
靠近并用一只手握住这支笔的绝缘柄。若万用表的指针偏
转,则表笔接的电源线是相线,否则是中性线。

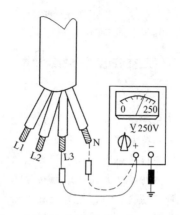

图 3-9　识别交流电源相线和中性线示意图

3-11　测判晶体二极管极性和好坏

💡 口诀

测判二极管极性，万用表拨千欧挡。
测得阻值小千欧，二极管正向电阻。
黑笔触接管正极，红笔触接管负极。
测得阻值数万欧，二极管反向电阻。
红笔触接管正极，黑笔触接管负极。
测判二极管好坏，万用表拨千欧挡。
正反阻值相差大，差值越大越为好。
正反阻值较接近，被测管子已失效。
正反阻值均为零，管子两极间短路。

正反阻值无穷大，管子内部已开路。(3-11)

通常根据晶体管管壳上标志的二极管符号来判别二极管的极性。标志不清或无标志时，可根据晶体二极管具有单向导电性，其反向电阻远大于正向电阻，利用万用表测量二极管的正、反向电阻，判断其正、负极性。

测量时，万用表一般选在 $R \times 100$，或 $R \times 1k$ 挡，电路如图 3-10 所示。万用表的红表笔接表内电池的负极，黑表笔接电池的正极。若测出的电阻值为几十欧到 $1k\Omega$（对于锗管为 $100 \sim 1000\Omega$），说明是正向电阻，如图 3-10(a) 所示，这时黑表笔接的就是二极管的正极，红表笔接的就是二极管的负极；若测出的电阻值在几十千欧到几百千欧以上，即为反向电阻，如图 3-10(b) 所示，此时红表笔接的是二极管的正极，黑表笔接的是二极管的负极。

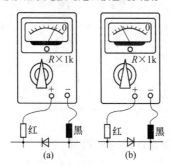

图 3-10 测判二极管极性示意图
(a) 测正向电阻；(b) 测反向电阻

测量时应注意：对于点接触型二极管，万用表不能选在 $R \times 1$ 挡，否则二极管将因通过很大的电流而被烧坏；也不能选在 $R \times 10k$ 挡，否则将因表内有较高电压而将二极管击穿。但对于大功率整流二极管来说，由于其正向电阻很小，一般为几十欧，为了测量准确性，万用表应选在 $R \times 10$ 挡。

通过测试二极管正、反向电阻就可以检查二极管的好坏。一般要求反向电阻比正向电阻大几百倍，即正向电阻越小越好，反向电阻越大越好。万用表选择在 $R \times 1k$ 挡，分别测出正、反向电阻，两阻值相差越大越好。如果两阻值比较接近相差不大，说明被测二极管性能不好或已失效；如果测量时表针一点也不动（测值无穷大），说明二极管内部已断线；如果测出的两电阻值均为零，说明二极管两电极之间已短路。二极管正反阻值与管子质量见表 3-2。

表 3-2　　　　　二极管正反阻值与管子质量

正向电阻	反向电阻	管子好坏情况
几十欧到 $1k\Omega$	几十千欧到几百千欧	好
0	0	短路损坏
∞	∞	开路损坏
正、反向电阻比较接近		管子失效

3-12　检测高压硅堆的好坏

💡 **口诀**

检查硅堆之好坏，万用表拨电压挡。

硅堆万用表串联，跨接交流二百二。

量程直流二百五，将硅堆正向接入。

大于三十伏合格，表针不动有故障。

量程交流二百五，读数二百二短路。

表针不动读数零，硅堆内部已开路。(3-12)

说明 🔍

如图 3-11 所示，将万用表拨到直流电压 250V 挡，与被测高压硅堆串联后跨接到交流 220V 电源上。利用硅堆的整流作用，仪表指针的偏转角度就是半波整流后的电流平均值，而表计上读出的是交流电压有效值，所以硅堆与直流电压表头构成一个半波整流的交流电压表。

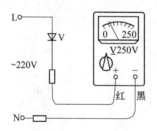

图 3-11　检测高压硅堆示意图

高压硅堆正向接入时，万用表读数在 30V 以上就为合格。硅堆反向接入时，表针应反向偏转。若表针不动，则可能硅堆内部开路或击穿短路。区分被测硅堆内部是开路还是短路，可把万用表拨到交流 250V 挡，表头读数是 220V，说明硅堆短路；如果表针不动读数是零，则说明硅

135

堆内部开路。

3-13 测判电容器好坏

微法容量电容器，测判好坏很简便。

万用表拨千欧挡，红黑表笔接两极。

表针右左摆一次，幅度越大越良好。

表针根本不摆动，被测电容内断路。

表针到零不返回，被测电容已击穿。(3-13)

电容器用于多种电路中，它的质量决定着电路能否正常工作。要学会使用万用表进行检查的方法。因为测量电容器时，有一个充电过程，根据这个原理可以简略地判断电容器的好坏。

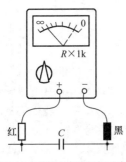

图 3-12　测判电容器好坏示意图

电容器的容量在 $1\mu F$ 以上，其充电过程比较明显，用万用表 $R \times 1k$ 挡即可看出。当万用表红、黑两表笔触接电容器的两极引线时，表针右左摆动一次，如图 3-12 所示。摆动幅度越大，说明电容量越大。有时甚至可以看到指针摆动到接近零值，过一会儿才慢慢退回停留在某一位置上，停留点的电阻量就是被测电容器的漏电电阻。判断电容器的好坏，就是看这个电阻值的大小，这个电阻值越大越好，最好是无限大。如果红、黑两表笔触接被测电容器两极时，表针根本不动（正反多次测试），说明被测电容器内部断路；如果表针到达零位时不再退回，说明被测电容器已击穿。

电容器的容量在 $0.01 \sim 1\mu F$ 时，要用万用表高阻挡（$R \times 10k$ 挡）才可以看出微小的一点充电过程。故需要正反多测试几次，方可判定被测电容器的好坏。

当电容器的容量小于 $0.01\mu F$ 时，用上述方法只能检查电容器是否击穿。这时改为交流电压法来判断，如图 3-13 所示。即把被测小容量电容器的一端引出线头接在交流 220V 电源中性线上，万用表拨到交流电压 250V 挡，红、黑两表笔分别触及电容器的另一端引出线头和交流电源相线。如果电容器是良好的，则测得的电压值应很小，在十几伏以下，但不能为零；如果测得的电压值在几十伏以上，

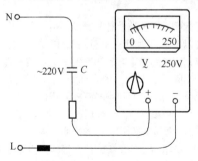

图 3-13　电压法判断电容器好坏的
测试电路示意图

说明被测电容器严重漏电。这个方法很简单，可以用来测试0.01～0.000 1μF电容器，更小容量的电容器用万用表就无法测判了。

3-14 数字万用表蜂鸣器挡检测电解电容器质量

💡 **口诀**

> 电解电容器质量，数字万用表检测。
> 开关拨到蜂鸣器，红黑笔触正负极。
> 一阵短促蜂鸣声，声停溢出符号显。
> 蜂鸣器响时间长，电容器容量越大。
> 若蜂鸣器一直响，被测电容器短路。
> 若蜂鸣器不发声，电容器内部断路。(3-14)

🔍 **说明**

大多数字万用表都设置有蜂鸣器挡，用于检查线路的通断。通常将20Ω规定为蜂鸣器发声的阈值电阻（不同型号的数字万用表的阈值电阻略有差异），当被测线路的电阻小于阈值电阻（即 $R_x < 20\Omega$ 时。蜂鸣器发出约 2kHz 的音频振荡声。利用数字万用表的蜂鸣器挡，可以快速检查电解电容器的质量好坏，其线路连接如图 3-14 所示。首先将数字万用表量程转换开关拨到蜂鸣器挡，然后用红表笔触接被测电解电容器的正极，黑表笔触接被测电解电容器的负极。测量时应能听到一阵短促的蜂鸣声，随即停止发声，同时显示溢出符号"1"。这是因为开始充电时电容

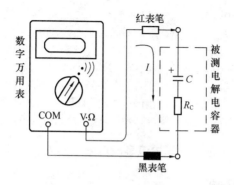

图 3-14　检测电解电容器质量的接线图

充电电流较大，相当于通路（严格地讲相当于电解电容器的串联等效内阻 R_C，一般情况下 R_C 为零点几至几欧姆，明显小于阈值电阻），所以蜂鸣器发声。随着电容器两端电压不断升高，充电电流迅速减小，蜂鸣器停止发声。电解电容器的容量越大，蜂鸣器响的时间就越长。一般测量 100 ～4700μF 电解电容器时，蜂鸣声持续时间为零点几秒至几秒，而对于 10μF 以下的小容量电容器就听不到响声了（受阈值电阻的影响，不同型号的数字万用表可能略有差异）。

具体测判如下：

（1）测量时若蜂鸣器一直发声，说明被测电容击穿短路。

（2）测量 100μF 以下的电解电容器时蜂鸣器不发声，且数字万用表始终显示溢出符号"1"，说明被测电解电容器电解液干涸或断路（如果被测电容器原先已经被充电，则测量时听不到蜂鸣器声响。为了避免误判，应先将被测电解电容器短接放电后再进行测检）。

（3）如果被测电解电容器的串联等效内阻 R_C 大于数字万用表蜂鸣器挡的阈值电阻，则无论电容器的容量有多大，测量时也不可能听到蜂鸣声。对于 $100\mu F$ 以上的大容量电解电容器，在测量时听不到蜂鸣器发声（电容量基本正常），则说明其损耗内阻 R_C 大于阈值电阻（一般为 20Ω），即可判定该电解电容器的损耗内阻过大，质量不好。

3-15 使用钳形电流表时应遵守的安全规程

🔎 **口诀**

　　　使用钳形电流表，安全规程要记牢。
　　　高压回路上测试，必须由两人进行。
　　　被测导线的电位，不超钳表电压级。
　　　操作必须戴手套，站在绝缘台垫上。
　　　人体头部带电体，保持足够安全距。
　　　测量低压母线流，绝缘隔板加包护。
　　　绝缘不良或裸线，严禁使用钳表测。（3-15）

说明 🔍

　　钳形电流表又叫做携带式电流指示器，用于不便拆线或不能切断电源的情况下进行电流测量，因此使用时要特别注意安全。使用钳形电流表进行测量工作时，应遵守《电业安全工作规程》中的有关规定。

　　值班人员在高压回路上使用钳形电流表的测量工作，应由两人进行。非值班人员测量时，应填写第二种工作票。

在高压回路上测量时，禁止用导线从钳形电流表另接表计测量。

测量时若需拆除遮栏，应在拆除遮栏后立即进行测量，工作结束，应立即将遮栏恢复原位。

使用钳形电流表时，应注意钳形电流表的电压等级。钳形电流表是测量交流电流的携带式仪表，它可以在不切断电路的情况下测量负荷电流，但一般只限于被测电路电压不超过500V时使用。所以，在使用钳形电流表时应注意被测导线的电位不得超过制造厂规定的电压数值。否则，可能击穿钳形电流表铁心磁路外面的绝缘质，造成人身触电事故。测量时应戴绝缘手套，并站在绝缘台（垫）上，不得触及其他设备，以防短路或接地。

观测表计时，要特别注意保持头部与带电部分的安全距离。如站、蹲测量低压开关柜内隔离开关或熔断器直接接出的各相导线电流时，要特别注意人体头部与裸露带电部分保持足够的安全距离。伸头观察表计时，更要注意保持头部与前方或上方隔离开关或熔断器等裸露带电部分的安全距离。

测量低压可熔熔断器和水平排列的低压母线电流时，测量前应先将各相可熔熔断器或母线用绝缘材料加以包护隔离，以免引起相间短路。同时应注意不得触及其他带电部分（钳形电流表绝不能在绝缘不良或裸露的导体上测量，严禁在三相闸刀或熔断器内使用）。

在测高压电缆各相电流时，电缆头线间距离应在300mm以上，且绝缘良好，测量方便，方可进行。

当有一相接地时，禁止测量。

3-16 正确使用钳形电流表

运用钳形电流表，型号规格选适当。

最大量程上粗测，合理选择量程挡。

钳口中央置导线，动静铁心吻合好。

钳口套入导线后，带电不能换量程。

钳形电流电压表，电流电压分别测。

照明线路两根线，不宜同时入钳口。

钳表每次测试完，量程拨至最大挡。(3-16)

钳形电流表由电流互感器和磁电系电流表组合而成，电流互感器做得像把钳子，捏紧扳手即可将活动铁心张开，将待测载流导线夹入铁心窗口（即钳口）中。被测导线构成电流互感器的一次绕组（相当于穿心式电流互感器）；固定绕在仪表内铁心上的线圈则为二次绕组。当被测导线有交流电流流过时，互感器二次绕组的感应电流通过电流表显示读数。一次电流的大小与二次电流成正比，显示的读数即为载流导线（一次绕组）的电流值。钳形电流表使用方便，只需将被测导线夹于钳口中即可，故适用于在不便拆线或不能切断电源的情况下进行电流测量，但准确度较低。正确使用方法如下：

（1）钳形电流表的种类很多，有测量交流电流的 T-30 型钳形电流表，测量交流电流和电压的 MG24 型钳形电流表，还有交、直流两用的钳形电流表等。要根据使用场所、测量电流的性质和大小的不同，合理选择相应型号规格的钳形电流表。

（2）钳形电流表通过转换开关来调整量程。选量程时，应先估计被测电流的大小，以钳形电流表的指针指向中间位置为宜。对被测电流的大小无法估计时，先将转换开关置于最大量程挡进行粗测。然后根据读数大小，减小量程，切换到较合适量程，使读数在刻度线的1/2～2/3左右。

（3）钳形电流表钳口套入被测导线后，被测导线必须位于钳口中央位置；并要钳口动、静铁心紧闭，且保持良好的接触、对齐吻合。否则会因漏磁严重而使所测量数值不准确，电流值偏小，误差增大。测量时如有振动噪声，可将钳形电流表手柄转动几下，或重新开合一次。如果仍有杂声，应把钳口中的被测导线退出，检查钳口面是否有油污。若有，可用汽油擦干净。在钳形电流表钳口接触面上粘有异物的情况下进行测量，因磁阻增大故指示的电流值比实际值小。

（4）钳形电流表在测量的过程中不能切换量程挡。因为钳形电流表是由电流互感器和磁电系电流表组成的，如果在测量的过程中切换量程挡位，将造成电流互感器二次线圈瞬时开路。在测量较大电流的情况下，就会出现高电压，严重时会损坏仪表。另外，操作人员是在不停电的情况下手持钳形电流表进行测量的，如果在测量的过程中切换量程挡位，很难保证操作人员对带电导线的安全距离，易发生触电危险。因此，当套入导线后发现量程选择不合适时，应先把钳口中导线退出，然后才可调节量程挡位。

（5）使用带有电压测量挡的钳形电流表，如 T-302 型和 MG24 型钳形电流表，测量电压与测量电流应分别进行，切记不可同时测量。钳形电流电压表进行测量电压时，其两根引线应插在电压测量插孔内，而且预先估计被测设备的电压大小选择适当的量程挡，把转换开关指向电压挡，切勿指向电流挡。然后将两测试笔跨接于电路上，即可测得读数。

（6）钳形电流表测量照明线路、家电插头引线、单相电焊机供电电源线路时，橡胶绝缘良好的钳口不可同时套入同一电路中的两根导线（例如双芯电缆）。因两根导线所产生的磁通势要相互抵消，致使所测数据失去意义。

（7）钳形电流表每次测量完毕后，要把钳形电流表的量程转换开关拨至最大挡上。以防下次使用时未选量程就测量，造成钳形电流表的意外损坏。

3-17 钳形电流表测量三相三线电流的技巧

口诀

运用钳形电流表，测三相三线电流。

基尔霍夫一定律，得出测量一技巧。

钳口套入一根线，读数该相电流值。

钳口套入两根线，读数第三相电流。

钳口套入三根线，负荷平衡读数零。（3-17）

说明

钳形电流表在测量三相三线交流电流时，钳口中放进任意一相导线时，仪表的读数是该相的电流值；钳口套入两根相线时，仪表的读数是被放进钳口的两相电流的相量和，则是第三相的电流值；钳口套入三根相线时，读数为零（表示三相负荷平衡。如果读数不是零，则说明三相负荷不平衡，读数值是中性线的电流值）。在实际工作中，电工需知此测量技巧。例低压配电柜内断路器或隔离开关下侧三根相线，可移动长度短，常遇其中一相线穿入电流互感器中。若遇导线截面较大时很难移动。即不易套入钳形电流表的钳口，有时是根本不能套入钳口，此时则需运用上述测量技巧。

三相三线制中，根据基尔霍夫电流定律，通过 O 点（同一节点）的三相电流的相量和为零，即 $\dot{I}_1 + \dot{I}_2 + \dot{I}_3 = 0$，所以，$\dot{I}_2 + \dot{I}_3 = -\dot{I}_1$，两相电流的相量和等于第三相电流，且方向相反，如图 3-15 所示。因此，钳形电流表的钳口套入 L2 和 L3 两根相线时，读数是 L1 相线的电流值；钳口套入三根相线时，读数应是零。

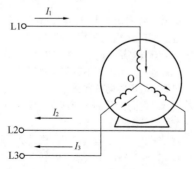

图 3-15　三相三线电流示意图

在三相四线制网络中,负载平衡时,中性线电流的相量等于零。当使用了三相晶闸管调压器后,在不同的相位触发导通时(全导通除外),中性点的电流相量和都不为零。如果在某一相中使用单相晶闸管调压器而其余两相未使用时,由于其中一相在不同相位触发,产生的电流波形是断续载波而非连续的正弦波,所以中性线的电流相量和也不可能是零。

3-18 钳形电流表测量交流小电流技巧

口诀

运用钳形电流表,测量交流小电流。

被测负载绝缘线,钳口铁心上绕圈。

读数除以匝加一,则得真正电流值。(3-18)

说明

日常测量照明线路和家用电器时,电流一般为5A左右。检查小型三相电动机的三相电流(<5A)是否平衡时,若用钳形电流表测量,其表头最小是1~10A,同时有的表计第一格就是2A。2A以下或零点几安就无法测量了。另外,钳形电流表通常在低量程时误差较大,指针偏转小时读数困难。这时为了测得较准确的电流值,可把负载绝缘线在钳形电流表的钳口铁心上绕1~2匝,甚至更多匝。应用电流互感器原理来增强磁场,使二次侧感应出较大电流,从而读得较大些的电流值,如图3-16所示。这样取得的读数是扩大了的,但真正的电流值必须减去扩大部分。即加绕一匝时,需将读数除以2;绕两匝时除以3;绕

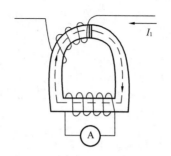

图 3-16 测小电流示意图

三匝时除以 4。反过来说，绕一匝的电流被扩大了 2 倍；绕两匝的扩大了 3 倍；绕三匝的扩大了 4 倍。其规律是匝数是 N 匝，电流被扩大了 $N+1$ 倍，真正的电流值＝表计读数/($N+1$)。

另外，为了消除钳形电流表铁心中剩磁对测量结果的影响，在测量较大的电流之后，如果要立即测量较小的电流，应把钳形电流表的铁心开、合数次，以消除铁心中的剩磁。

3-19 检测星形连接三相电阻炉断相故障

🔆 口诀

> 三相电阻炉断相，钳形电流表检测。
>
> 两根相线电流值，均小于额定电流。
>
> 一根相线电流零，该相电阻丝烧断。(3-19)

如图 3-17 所示，如电
源电压正常而三相电阻炉温
度升不上去或者炉温升得很
慢，则有可能是电阻丝烧
断。因为炉内各个接点温度
很高，若开炉检测，尚需降
低炉温，需要一段时间。这
时用钳形电流表测量三相电
阻炉的三根电源线的电流，
若测得电阻炉的两相电流均
小于额定电流值（三相电阻
电热器，千瓦一点五安培）

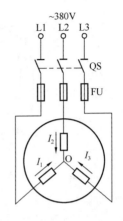

图 3-17　三相电阻炉示意图

而另一相电流为零，则说明电流为零的那相电阻丝烧断，
属断相故障，要及时排除。

3-20　查找低压配电线路短路接地故障点

低压配电线路长，短路接地点难查。
故障相线串电炉，单控开关接电源。
运用钳形电流表，线路逐段测电流。
有无电流分界处，便是短路接地点。（3-20）

对于低压配电线路断路故障，一般都比较容易查找和排除，但对于短路、接地故障，特别是对于较长线路所出现的短路、接地故障，查找起来就显得困难得多。例如，马路上的路灯线路，线路长，灯泡多，故障点又不明显。如果逐个灯头、逐段线路的查找，既费时又费力。因此检修中多采用钳形电流表查找故障点的方法，不仅省时省力，而且准确度高。具体寻找故障点的方法如下：

如图 3-18 所示，AB 是一根有接地故障的导线，在线路的电源输入端 A 端串接一只 1～2kW 的电炉（夜间可接一盏 1kW 的碘钨灯）和单极控制开关 SA，按图 3-18 所示接上 220V 电源，合上开关 SA，电阻丝通电发热，然后用钳形电流表对线路由 A 至 B 进行测量，测量中 AH（H 为假设接地点）段均有 4～10A 电流指示；而 HB 段无电流指示。这样，就能很准确地找到接地故障点 H。

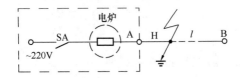

图 3-18 查找线路接地点示意图

同理同法可查找线路导线间的短路故障点。如图 3-19 所示，L1、L2 是两根有短路故障的导线（M 与 N 为短路故障点），A、C 为线路的首端。闭合单极控制开关 SA，然后用钳形电流表对线路进行测量，测量原理如前所述，根据测量电流变化情况，找到电流有与无的分界点时，这一点便是短路故障点。

在使用上述方法查找故障点时，由于是通电检查，

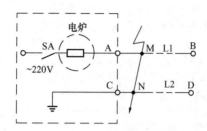

图 3-19　查找线路线间短路故障点示意图

虽然电压基本上都降在电炉的两端，但要做好安全措施。同时注意：①此方法仅适用于中性点接地的供电线路故障查找；②钳形电流表电压等级应高于电炉通电电源的电压；③故障导线必须保证与原电网断电后方可进行检测查找工作；④导线若为裸导线时，必须有可靠的防触电措施。

3-21　检测晶闸管整流装置

🔔 口诀

　　晶闸管整流装置，钳形电流表检测。

　　钳套阳极连接线，观看表头电流数。

　　表头指示电流零，被测元件未工作。

　　三相元件电流值，基本平衡属正常。

　　电流严重不平衡，元件移相不一致。

　　交流部分有故障，整流变压器缺相。(3-21)

日常巡回检查晶闸管整流装置，使用示波器十分不便。实践证明用钳形电流表可以很方便地解决这个问题。因为流过整流元件的是脉动直流电流，它的大小随时间不断地变化，因此可用交流钳形电流表进行检测（交、直流两用表更好）。检测时，只要往晶闸管的阳极（或阴极）连接线上一钳，根据电流读数的有无及大小（数值不需十分准确），即可判断该元件工作是否正常。

若钳形电流表表头指示为零，则说明被测元件不在工作，不是触发电路有故障，便是该元件已损坏，或是熔断器熔芯已熔断（熔芯已熔断而熔断标志未弹出的情况是经常遇到的）。反之，如果三相元件电流值基本平衡，那么至少可以断定主电路及触发电路的工作是正常的。假如发现三相电流严重不平衡，除要考虑到触发器是否调试好外（三相的晶闸管移相角不一致会使各元件中电流不一致），很可能是晶闸管整流装置的交流部分出了故障，如整流变压器一相断开等。

3-22 测知配电变压器二次侧电流，判定其所载负荷容量

根据公式 $\qquad P = \sqrt{3}\,IU\cos\varphi$

推导出公式 $\qquad P_{0.4} = 0.6 I_{0.4}$

$$P_3 = 4.5 I_3$$

$$P_6 = 9 I_6$$

$$P_{10} = 15 I_{10}$$

$$P_{35} = 55 I_{35}$$

式中 $P_{0.4}$——配电变压器二次侧（0.4kV）测电流时所载
负荷容量，kW；

        P_3——配电变压器二次侧（3.15kV）测电流时所
载负荷容量，kW；

        P_6——配电变压器二次侧（6.3kV）测电流时所载
负荷容量，kW；

      P_{10}——配电变压器二次侧（10.5kV）测电流时所
载负荷容量，kW；

      P_{35}——配电变压器二次侧（36.75kV）测电流时所
载负荷容量，kW；

     $I_{0.4}$——配电变压器二次侧（0.4kV）实测电
流，A；

      I_3——配电变压器二次侧（3.15kV）实测电
流，A；

      I_6——配电变压器二次侧（6.3kV）实测电
流，A；

     I_{10}——配电变压器二次侧（10.5kV）实测电
流，A；

     I_{35}——配电变压器二次侧（36.75kV）实测电
流，A。

得出计算口诀：

💡 **口诀**

> 已知配变二次压，测得电流求千瓦。
>
> 电压等级四百伏，一安零点六千瓦。
>
> 电压等级三千伏，一安四点五千瓦。
>
> 电压等级六千伏，一安整数九千瓦。

电压等级十千伏，一安一十五千瓦。

　　电压等级三万五，一安五十五千瓦。(3-22)

说明 🔍

　　(1) 电工在日常工作中，需要知道电力变压器的运行情况和负荷是多少。负荷电流易得知，直接看配电装置上设置的电流表，或用相应的钳形电流表测知。可负荷功率不能直接看到和测知，这就需要靠本小节口诀求算。如果用常规公式来计算，既复杂又费时间，现场运算极不方便。

　　(2) "电压等级四百伏，一安零点六千瓦"。当测知配电变压器二次侧（电压等级 400V）负荷电流后，安培数值乘以系数 0.6 便得到负荷功率。如测得电流为 50A 时，50×0.6＝30（kW）。电流数值乘以系数法计算很准，与用公式运算几乎无差异。公式的推导过程如下

$$P_{0.4} = \sqrt{3}I_{0.4}U\cos\varphi = 1.732 \times 0.4 \times 0.87 \times I_{0.4}$$
$$= 0.6I_{0.4}$$

$$P_3 = \sqrt{3}I_3U\cos\varphi = 1.732 \times 3.15 \times 0.825 \times I_3$$
$$= 4.5I_3$$

$$P_6 = \sqrt{3}I_6U\cos\varphi = 1.732 \times 6.3 \times 0.825 \times I_6$$
$$= 9I_6$$

$$P_{10} = \sqrt{3}I_{10}U\cos\varphi = 1.732 \times 10.5 \times 0.825 \times I_{10}$$
$$= 15I_{10}$$

$$P_{35} = \sqrt{3}I_{35}U\cos\varphi = 1.732 \times 36.75 \times 0.87 \times I_{35}$$
$$= 55I_{35}$$

【例 1】 测得一台 SL7-1600、10 /6.3kV 电力变压器二次侧负荷电流是 120A，求此时变压器的负荷容量。

解 根据口诀（3-22）得

配电变压器二次侧所载负荷容量$=9\times120$

$=1080$（kW）

【例 2】 测得一台 S7-400 /10 型配电变压器二次侧（0.4kV）负荷电流是 450A，求此时变压器的负荷容量。

解 根据口诀（3-22）得

配电变压器二次侧所载负荷容量$=0.6\times450$

$=270$（kW）

（3）"电压等级四百伏，一安零点六千瓦"应用很广。现用其来验证《已知工厂的性质和装机容量，求算全厂配变容量》口诀"工厂配变千伏安，装机千瓦数估算，冶金纺织水泥厂，千瓦就是千伏安"的正确性。由口诀"配变低压四百伏，容量除以二乘三"得出 $I_{0.4,n}=1.5S_n$，$1.5S_n$ $\times0.6=0.9S_n$（kW），$0.9S_n$（kW）是工厂装机容量的 0.9 倍。电动机的负载为额定负载的 0.7～1 倍时，效率最高，运行最经济。由此可知，工厂配电变压器在满负荷、额定电流的情况下运行，恰是该厂全部主要设备在其额定容量的 0.9 倍时运行。所以按"冶金纺织水泥厂，千瓦就是千伏安"原则选定配电变压器的容量是正确可行的。

3-23 测知无铭牌 380V 单相焊接变压器的空载电流，判定其额定容量

根据公式 $S_n=5I_0$

式中 S_n——单相焊接变压器的额定容量，kVA；

I_0——单相焊接变压器的空载电流，A。

得出计算口诀：

💡 **口诀**

> 三百八焊机容量，空载电流乘以五。(3-23)

说明 🔍

　　单相交流焊接变压器，即常说的电焊机，常在野外停放和工作，又是经常移动的较重电气设备。所以多数单相交流焊接变压器的铭牌会丢失或铭牌上的字均模糊不清。若要使用电焊机，就需知道电焊机的视在功率，即焊接变压器铭牌上标注容量（kVA）数，以便求算其额定电流，选择电焊机的保护设备及供电导线等。

　　单相交流焊接变压器实际上是一种特殊用途的降压变压器，与普通变压器相比，其基本工作原理大致相同。为满足焊接工艺的要求，焊接变压器在短路状态下工作，要求在焊接时具有一定的引弧电压。当焊接电流增大时，输出电压急剧下降，当电压降到零时（即二次短路），二次侧电流也不致过大，即焊接变压器具有陡降的外特性。焊接变压器的陡降外特性是靠电抗线圈产生的压降获得的。空载时，由于无焊接电流通过，电抗线圈不产生压降，此时空载电压等于二次电压，也就是说焊接变压器空载时与普通变压器空载时相同。变压器的空载电流一般额定电流的 6%～8%（国家规定空载电流不应大于额定电流的 10%）。这就是口诀（3-23）和公式的理论依据。取 $I_0 = 0.08I_n$，$S_n = UI_n = 0.4 \times (I_0/0.08) = 5I_0$。同时根据焊接变压器的额定电流等于 2.6 倍焊接变压器额定容量（kVA）数值，同样得出 $I_0 = 0.08I_n = 0.08 \times (2.6S_n) = 0.2S_n = S_n/5$。工

作实践中发现常用的单相 380V 焊接变压器，其额定容量
（kVA）数值均近似等于其空载电流的 5 倍。如 BX1-330 型
焊接变压器，容量 21kVA，空载电流为 4.2A；BX3-400 型
焊接变压器，容量 29.1kVA，空载电流为 5.8A。

【例 1】用钳形电流表测得一台 380V 焊接变压器空载
电流是 6.5A，求算其容量。

　　解　根据口诀（3-23）得

　　　　焊接变压器容量=5×6.5=32.5（kVA）

应是 32kVA、380V 单相焊接变压器。

3-24　测知三相电动机的空载电流，判定其额 定容量

　　根据经验公式　$P \approx I_0 / 0.8 = 10 I_0 / 8$

式中　P——三相电动机容量，kW；

　　　I_0——测得电动机空载电流，A。

得出计算口诀：

💡 **口诀**

　　　　无铭牌电机容量：测得空载电流值，

　　　　乘十除以八求算，近靠等级千瓦数。（3-24）

说明 🔍

　　（1）对无铭牌的三相异步电动机，不知其容量是多少，
可用钳形电流表测量电动机空载电流 I_0 值，再运用口诀
（3-24）估算电动机容量。该计算口诀是根据《已知笼型电
动机容量，求算其空载电流》的口诀"电动机空载电流，

容量八折左右求"而得。

【例1】 用钳形电流表测得某台电动机空载电流是2.5A，估算其电动机额定容量。

解 根据口诀（3-24）得

电动机容量＝(2.5×10)÷8＝3.125(kW)

判定是3kW的三相电动机。

【例2】 测得一台电动机空载电流是43A，估算其电动机的额定容量。

解 根据口诀（3-24）得

电动机容量＝(43×10)÷8＝53.75(kW)

判定是55kW的电动机。

（2）依据电动机的空载电流值，用口诀（3-24）求算电动机额定容量时，会遇到算出的千瓦数值恰好在两个电动机容量等级之间。对小容量、转速低、经过检修后和老型号电动机，判定为小于算出数值的容量等级；相反，对较大容量、转速快、新型号节能电动机，则判定为大于算出数值的容量等级。此经验可在实践中逐步领会掌握。

（3）掌握此项判定技术，首先要熟记新、老型号电动机的容量等级。判定差一个等级（指小型电动机容量等级差数值较小，易判错）很正常，若判定出没有那个容量等级的电动机，则是笑话。

常用三相电动机，Y系列额定容量1kW以上的有：1.1、1.5、2.2、3.0、4.0、5.5、7.5、11、15、18.5、22、30、37、45、55、75、90kW17个等级。J和JO系列额定容量1kW以上的有：1.0、1.7、2.8、4.5、7.0、10、14、20、28、40、55、75、100、125kW14个等级。供读者

参考熟记。

3-25 测知白炽灯照明线路电流，判定其负荷容量

根据公式 $P = UI = 220I$

式中 P——220V白炽灯照明线路所载负荷容量，W;

I——实测照明线路电流，A。

得出计算口诀:

💡 **口诀**

照明电压二百二，一安二百二十瓦。(3-25)

🔍 **说明**

工矿企业的照明多采用220V的白炽灯。照明供电线路指从配电盘向各个照明配电箱的线路，照明供电干线一般为三相四线制线路，负荷为4kW以下时可用单相。照明配电线路指从照明配电箱接至照明器或插座等照明设施的线路。不论供电还是配电线路，只要用钳形电流表测得某相线电流值，然后乘以系数220，积数就是该相线所载负荷容量。测电流速算容量数，可帮助电工迅速调整照明干线三相负荷容量不平衡问题，可帮助电工分析配电箱内保护熔体经常熔断、配电导线发热的原因等。

【例1】在照明配电箱处测得负荷开关出线电流是9A，求算其所载白炽灯负荷容量。

解 根据口诀(3-25)得

所载白炽灯负荷容量=220×9=1980（W）

3-26　测判用户跨相窃电

> 用户单相电能表，计量偏少或不走。
>
> 电能表处前或后，钳形电流表检测。
>
> 钳套相线中性线，表头指示不为零。
>
> 相线中性线各测，电流读数差别大。
>
> 则判定跨相窃电，一相一地式偷电。

(3-26)

说　明

　　现在城市里的居民楼多为一单元一层两户。某楼建成一年后，单相有功电能表由原来的每层一个电表箱改为楼下集装。改造工程验收后，四楼两块集装的单相电能表连续几个月电量偏少，而经询问得知两用户家中一直有人居住，且家用电器不少。抄表员怀疑电能表有故障，取下电能表校验，电能表正常。检查集装表箱内电能表接线，发现用户 A 电能表电源进线相线、中性线（零线）接反，但这也不太影响计量。用户 B 电能表接线正常，如图 3-20 所示。

　　在楼下集装表箱处，用钳形电流表分别将 A 表、B 表的相线与中性线同时钳入，表头应指示为零，但表头均有电流值指示；再用钳形电流表分别钳两电能表的每根线，发现每块表只有一根导线有电流值，且电流数值近似一样，而且另一根导线指示均为零。由此判定这两用户均是跨相

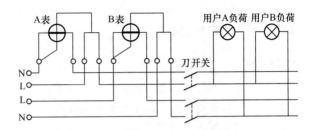

图 3-20　电能表与用户负荷接线示意图

窃电。于是从楼下表箱处开始，顺线路检查，结果发现两用户将各家用电负荷共同接在 A 用户刀开关相线和 B 用户刀开关中性线上，如图 3-20 所示（原每层电表箱小、深、暗，不仔细观察检查不易发现）。

　　集装电表箱改造时，由于表计数量多，进线相并联，进出线颜色一样，相互重叠，不经测量，难以直接看出各表进出线是否正确。现 A 表的电源进线相线、中性线虽然接反，但因电能表转动力矩与正确接线时一致，所以表计是能够正确计量的。即仅从表箱内接线看，A、B 两电能表均能正确计量。但 A、B 两用户将负荷接在 A 用户刀开关相线和 B 用户开关中性线上时（即将负荷接在 A 表相线出线和 B 表中性线出线上），便形成了跨相窃电。这是很特殊的单相跨相窃电，两块电能表均不转或转得很慢。

　　单相电能表电源侧相线与中性线颠倒了（电工计量人员安装表时疏忽，或没认真辨识），就将电能表的接线接成图 3-20 中 A 表的样子，这就给窃电者以可乘之机。窃电者可以在室内插座等处将中性线单独引出来，再与自来水管或隐蔽处接地的金属管道上引线连接，将负载跨接在相线与地线之间。如此窃电方式，因在计量表箱上不动手脚、不留痕迹，且窃电者使用完毕后切断窃电负荷，即无把柄可查。此种窃电方式大多在冬季或临时接用大负荷时运用。对这类跨相窃电，不论是借用相线，还是切断中性线改为一相一地，均可用钳形电流表在电能表前或后将相线和中性线同时钳入钳口，若是表头指示不为零（应指示为零），且数值较大，则可判定必有窃电行为发生。

3-27　使用绝缘电阻表测量绝缘时应遵守的安全规程

💡 **口诀**

> 使用绝缘电阻表，安全规程要遵守。
> 测量高压设备时，必须由两人进行。
> 被测设备全停电，并进行充分放电。
> 测量线路绝缘时，应取得对方允许。
> 双回路线都停电，禁止雷电时测量。
> 带电设备附近测，人表位置选适当。
> 保持足够安全距，注意监护防触电。(3-27)

🔍 **说明**

使用绝缘电阻表（俗称摇表）测量电气设备绝缘电阻时，应遵守《电业安全工作规程》中的有关规定。

使用绝缘电阻表测量高压设备绝缘，应有两人担任。测量用的导线，应使用绝缘导线，其端部应有绝缘套。

测量绝缘时，必须将被测设备从各方面断开，验明无电压，确认没有无人工作，方可进行。在测量中禁止他人接近设备。在测量绝缘前后，必须将被测试设备对地放电。

测量线路绝缘时，应取得对方允许后方可进行。在有感应电压的线路上（同杆架设的双回线路或单回路与另一线路有平行段）测量绝缘时，必须将另一回线路同时停电，方可进行。雷电时，禁止测量线路绝缘。

在带电设备附近测量绝缘电阻时，测量人员和绝缘电阻表安放位置，必须选择适当，以免绝缘电阻表引线或引线支持物触碰带电部分。移动引线时，应注意监护，防止工作人员触电。

3-28　正确使用绝缘电阻表

💡 **口诀**

使用绝缘电阻表，电压等级选适当。

测前设备全停电，并进行充分放电。

被测设备擦干净，表面清洁无污垢。

放表位置选适当，远离电场和磁场。

水平放置不倾斜，开路短路两试验。

两色单芯软引线，互不缠绕绝缘好。

接线端钮识别清，测试接线接正确。

摇把摇动顺时针，转速逐渐达恒定。

摇测时间没定数，指针稳定记读数。(3-28)

说明 🔍

在电动机、变压器等电气设备和供电线路中，绝缘材料的优劣对电力生产的正常运行和安全供电有着重大的影响。而绝缘材料性能好坏的重要标志是其绝缘电阻值的大小。因此，必须定期对电气设备的绝缘电阻进行测定，这就需要用绝缘电阻表（又称兆欧表或摇表）来测量。绝缘电阻表大多数采用磁电式机构，它由一台手摇发电机和一个磁电式比率表组成，原理线路图如图 3-21 所示。图 3-21 中 G 为手摇直流发电机（或由交流发电机与整流电路组成）。正确使用绝缘电阻表测量电气设备绝缘电阻的方法如下：

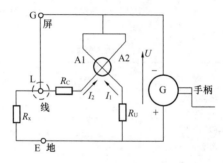

图 3-21　绝缘电阻表的原理线路图

A1—电压线圈；A2—电流线圈；

R_C、R_U—附加电阻；R_x—被测电阻

（1）绝缘电阻表是绝缘电阻测试的工具仪表。绝缘电阻测试的概念不同于一般的直流电阻测试，它是在对被测物体施加其正常工作电压值的一倍直流电压情况下进行的。这是因为施加的电压不同时测得的电阻会有差异。为测准绝缘电阻指标和用电安全，需要施加一个合理的电压等级，即需合理选择绝缘电阻表额定电压等级。例如对使用于市

电 220V 的电器设备和照明布线进行绝缘测试，应用 500V 直流电压等级的绝缘电阻表；对工作于 380V 交流电压下的电机、电气设备等进行测试，应用 1000V 电压等级的绝缘电阻表（绝缘电阻表通常以发电机发出的额定电压来分类，有 50、100、250、500、1000、2500、5000、10000V 等。绝缘电阻表的额定电压及其测量范围应与被测试物绝缘电阻值相适应，见表 3-3）。经过一倍于工作电压的试验电压测得的绝缘电阻，才能在正常持续或电源出现可能突变的情况下达到安全用电，由此也可在确定测试电压等级的前提下获得合理经济的绝缘成本。

表 3-3 绝缘电阻表的正确选择

被 测 对 象	被测设备额定电压（V）	所选绝缘电阻表的电压（V）
弱电设备、线路的绝缘电阻	100 以下	50 或 100
绕组的绝缘电阻	500 以下	500
绕组的绝缘电阻	500 以上	1000
发电机绕组的绝缘电阻	380 以下	1000
电力变压器、发电机、电动机绕组的绝缘电阻	500 以上	1000～2500
电气设备的绝缘电阻	500 以下	500～1000
	500 以上	2500
绝缘子、母线、隔离开关的绝缘电阻		2500 以上

（2）测量前务必将被测设备的电源全部切断，并进行接地充分放电，特别是电容性的电气设备。绝不允许用绝

缘电阻表去测量带电设备的绝缘电阻，以防止触电事故的发生；即使加在设备上的电压很低，对人身没有危险，也测不出正确的测量结果，达不到测量的目的。

（3）测量前，应用清洁干燥的软布擦净待测设备绝缘表面污垢，以免漏电影响测量的准确度。否则将有可能使绝缘电阻值虚假减小。

（4）测量前应选择适当放表位置。绝缘电阻表安放位置要确保引线之间和引线与地之间有一定距离，同时要尽量远离通有大电流的导体，以免由于外磁场的影响而增大测量误差。特别是在带电设备附近测量时，测量人员和绝缘电阻表的位置必须选择适当，保持足够的安全距离，以免绝缘电阻表引线或测量人员触碰带电部分。

（5）绝缘电阻表应水平放置。绝缘电阻表向任何方向倾斜，均会增大绝缘电阻表的基本误差。绝缘电阻表放在水平位置，在未接线之前，应先对绝缘电阻表分别在开路和短路情况下做一次试验，检查本身是否良好（先在接线端开路时摇动发电机手柄至额定转速，指针应指在"∞"处；然后将线路和接地两接线端钮短路，缓慢摇动发电机手柄，指针应指在"0"处）。

（6）绝缘电阻表的引线必须用绝缘良好的两根单芯多股软线，最好使用表计专用测量线。不能用双芯绝缘线，更不能将两根引线相互缠绕在一起或靠在一起使用；引线不宜过长，也不能与电气设备或地面接触。否则，会严重影响测量结果。当线路端"L"引线必须经其他支撑才能和被测设备连接时，必须使用绝缘良好的支持物，并通过试验，保证未接入被测设备前绝缘电阻表指针指示"∞"位置，否则其测出的绝缘电阻值将虚假减小。

绝缘电阻表的两根引线可采用不同颜色，以便于识别和使用。若两根引线缠绕在一起或靠在一起进行测量，当引线绝缘不好时，就相当于使被测的电气设备并联了一只低电阻，使测量不准确；同时还改变了被测回路的电容，做吸收比试验时就不准确了。

　　(7) 使用绝缘电阻表之前，应先了解它的三个接线端钮的作用与代表符号。如图 3-21 所示，L 是线路端钮，测试时接被测设备；E 是地线端钮，测试时接被测设备的金属外壳；G 是屏蔽端钮（即保护环），测试时接被测设备的保护遮蔽部分或其他不参加测量的部分。

　　做一般测量时只用线路 L 和接地 E 两个接线端钮。L端与被测试物相接，E 端与被测试物的金属外壳相接。当被测试物表面泄漏电流严重时，若要判明是内部绝缘不好还是表面漏电影响，则需要将表面和内部的绝缘电阻分开，此时应使用第三根导线，一端连接表的屏蔽 G 端钮，另一端连接在漏电的表面上，使漏电电流不流过绝缘电阻表内的电流线圈 A2。

　　(8) 测量时，顺时针摇动绝缘电阻表摇把（手柄），要均匀用力，切忌忽快忽慢，以免损坏齿轮组。逐渐使转速达到基本恒定转速 120r/min（以听到表内"嗒嗒"声为准）。待调速器发生滑动后，即可得到稳定的读数。

　　一般来讲，绝缘电阻表转速的快慢不影响对绝缘电阻的测量。因为绝缘电阻表上的读数反映发电机电压与电流的比值，在电压有变化时，通过绝缘电阻表电流线圈的电流也同时按比例变化，所以电阻读数不变。但如果绝缘电阻表发电机的转速太慢，由于此时电压过低，则会引起较大的测量误差。绝缘电阻表的指针位于中央刻度时，其输出电压为额定电压的 90%以上，如果指示值低于中央刻度，则测试电压会降低很多。例如，1000V 绝缘电阻表测量 10MΩ 绝缘电阻时，电压为 760V，测量 5MΩ 绝缘电阻时，会降到 560V。因此，在使用绝缘电阻表时，应按规定的转速摇动。一般规定为 120r/min（有的绝缘电阻表规定为 150r/min），可以有 ±20% 的变化，但最多不应超过 ±25%。

（9）绝缘电阻值随着测试时间的长短而有差异，一般以绝缘电阻表摇动 1min 后的读数为准。测量电容器、电缆、大容量变压器和大型电机时，要有一定的充电时间。电容量越大，充电时间越长，要等到指针稳定不变时记取读数。否则将使所测出的绝缘电阻值虚假减小。

3-29 使用绝缘电阻表检测应注意事项

💡 口诀

绝缘电阻表检测，八项注意要牢记。

测试期间接线钮，千万不可用手摸。

表头玻璃落灰尘，摇测过程不能擦。

测设备对地绝缘，接地端钮接外壳。

摇测容性大设备，额定转速下触离。

检测电解电容器，接地端钮接正极。

同台设备历次测，最好使用同只表。

摇测设备绝缘时，记下测量时温度。

不测百千欧电阻，更不宜做通表用。(3-29)

说明 🔍

绝缘电阻表是专门用来检查和测量电气设备及供电线路绝缘电阻的工具仪表，因它的标尺刻度以兆欧为单位，故俗称兆欧表。在使用中必须注意一些容易忽视的问题。

(1) 使用绝缘电阻表时，当发电机摇柄已经摇动时，在接地 E 和线路 L 端钮间就会产生高达几百伏甚至数千伏的直流电压。在这样高的电压下，绝不能用手触及。测试结束，发电机还未完全停止转动或被测设备尚未放电之前不要用手触及端钮和引线测触金属端，以免人身触电。

(2) 在摇测过程中，发现绝缘电阻表表头玻璃上落有灰尘等影响观察读数时，如果用布或手擦拭表面玻璃，则会因摩擦起电而产生静电荷，对表针偏转产生影响，使测量结果不准确；而且静电荷对表针的影响还与表针的位置有关，因此用手或布擦拭无屏蔽措施的绝缘电阻表的表面玻璃时，会出现分散性很大的测量结果。

(3) 用绝缘电阻表测量电气设备对地绝缘时，应当用接地端钮 E 接被测设备的接地外壳，线路端钮 L 接被测设备。反之，会由于大地杂散电流的影响，使测量结果不准确。

(4) 摇测电容器极间绝缘、高压电力电缆芯间绝缘时，因极间电容值较大，应将绝缘电阻表摇至规定转速状态下，待指针稳定后再将绝缘电阻表引线接到被测电容器的两极上，注意此时不得停转绝缘电阻表。由于对电容器的充电，指针开始下降，然后重新上升，待稳定后，指针所示的读数即为被测的电容器绝缘电阻值。读完表针指示值后，在接至被测电容器的引线未撤离以前，不准停转绝缘电阻表，而要保持继续转动。因为在测量电容器绝缘电阻要结束时，电容器已储备有足够的电能。若在这时突然将绝缘电阻表停止运转，则电容器势必对绝缘电阻表放电。此电流方向与绝缘电阻表输出电流方向相反，所以会使指针朝反方向偏转。电压越高、容量越大的设备，常会使表针过度偏转而损伤，有的甚至烧损绝缘电阻表。要等到绝缘电阻表的引线从电容器上取下后再停止转动。

(5) 检测电解电容器时，要注意绝缘电阻表和电容器的正负极。电解电容器正极接接地端钮 E，电容器负极接线路端钮 L，不可接反，否则会将电容器击穿。

(6) 工矿、乡镇企业单位的电气设备，对同一台设备绝缘电阻的历次测量，最好使用同一只绝缘电阻表，以消除由于不同绝缘电阻表输出特性不同而给测量带来的影响。另外尚需注意：用 500V 绝缘电阻表测得绝缘电阻为 500MΩ 的设备，改用 1000V 绝缘电阻表测量时，测得的数值有可能只有 5MΩ，甚至更低。

(7) 电气设备的绝缘材料都在不同程度上含有水分和溶解于水的杂质（如盐类、酸性物质等），构成电导电流。温度升高会加速介质内部分子和离子的运动，水分和杂质沿电场两极方向伸长而增加电导性能。因此温度升高，绝缘电阻就按指数函数显著下降。例如，温度升高 10℃，发电机的 B 级绝缘电阻下降 1.9～2.8 倍，变压器 A 级绝缘电阻下降 1.7～1.8 倍。受潮严重的设备，绝缘电阻随温度的变化更大。因此，摇测电气设备绝缘电阻时要记下环境温度。若运行中停下而绝缘未充分冷却的设备，还要记下绝缘内的真实温度，以便将绝缘电阻换算到同一温度进行比较和分析。

（8）绝缘电阻表的量限往往达几百、几千兆欧，最小刻度在 $1M\Omega$ 左右，因而不适合测量 $100k\Omega$ 以下的电阻。

绝缘电阻表通常不应作为通表使用，即不可用绝缘电阻表去测试电路是否通断。当然偶尔一两次无大害，但经常当作通表使用，会经常使指针转矩过量，极易损坏仪表。转动绝缘电阻表时，其接线端钮间不允许长时间短路。

3-30　串接二极管阻止被测设备对绝缘电阻表放电

口诀

> 绝缘电阻表端钮，串接晶体二极管。
> 摇测容性大设备，阻止设备放电流。
> 消除表针左右摆，确保读数看准确。
> 测量完毕停摇转，仪表也不会损坏。（3-30）

说明

绝缘电阻表测电容器、电力电缆、大容量变压器等电容性设备的绝缘电阻时，表针会左右摆动影响读数；而且在测量完毕时，不能停止转动，需等测量引线从被测设备上取下后方可停止转动。这是由于被测电容性设备对绝缘电阻表放电的缘故。

如图 3-22 所示，在绝缘电阻表的线路端钮 L 与被测电容性设备（电力电缆）间串入一只耐压与绝缘电阻表相当的晶体二极管，用以阻止被测电容性设备对绝缘电阻表的放电，既可消除表针的摆动，又不影响测量准确度。在测量完毕停止摇动时，由于二极管处于反偏截止状态下不导

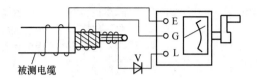

图 3-22　串接二极管摇测电缆接线示意图

通，从而防止了绝缘电阻表被损坏的可能。在此说明：绝缘电阻表测试工作完成后，被测电容性设备还是要进行对地放电工作的。

3-31　提高绝缘电阻表端电压的方法

💡 **口诀**

　　低压绝缘电阻表，串联起来测绝缘。
　　串联电压级叠加，绝缘电阻读数和。（3-31）

说明 🔍

　　绝缘电阻表是检测电气设备绝缘强度的一种常用工具。但在农村或边远小型工矿企业，一般只有 500V 或 1000V 绝缘电阻表，当测量高压电气设备绝缘时，经常会感到绝缘电阻表的输出电压不足，灵敏度很低，以致达不到查出局部性绝缘缺陷的目的。有时用 500V 绝缘电阻表测其绝缘电阻值还较高，而用 2500V 绝缘电阻表测得试品的绝缘电阻值已低到不能使用的地步。例如某台有缺陷的设备，在同一天、同一环境温度下，使用不同电压等级的绝缘电阻表摇测该台有缺陷的设备，摇测结果相差很大，见表 3-4。从表 3-4 中可以看出，被测设备的绝缘电阻是随着所使用绝缘电阻表电压等级的增高而降低的。这种情况很容易使工作人员造成误判断。为此，对于绝缘电阻有怀疑的设备，尤其对高压电气设备应用相应高输出电压的绝缘电阻表进行测量，以利于绝缘缺陷的暴露。

表 3-4　　　　不同电压等级的绝缘电阻表
摇测同台设备绝缘

绝缘电阻表电压（V）	500	1000	2500
测量读数（MΩ）	500	140	90

为了解决绝缘电阻表端电压不足的问题，可把两只 1000V 或 500V 的绝缘电阻表串联起来使用。这时测量的等值电路如图 3-23 所示。其中 R_1 及 R_2 分别为绝缘电阻表 MΩ1 与 MΩ2 的固有内阻，E_1 及 E_2 则分别为绝缘电阻表 MΩ1 与 MΩ2 的直流电动势，R_x 为被测设备的绝缘电阻，I 为流过被测设备 R_x 的电流。

由全电路欧姆定律可知 $I = \dfrac{E_1 + E_2}{R_1 + R_2 + R_x}$。由于 R_1、

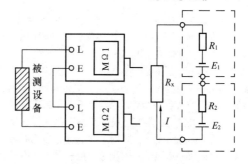

图 3-23　绝缘电阻表串联测量的等值电路

R_2 较小，可以忽略不计。为便于分析，上式可近似写为 $I = \dfrac{E_1 + E_2}{R_x}$。故 $R_x = \dfrac{E_1 + E_2}{I} = \dfrac{E_1}{I} + \dfrac{E_2}{I} = R_{M\Omega 1} + R_{M\Omega 2}$，即为两只绝缘电阻表指示值读数和。

因此根据串联电压叠加原理，用两只 1000V 及一只 500V 的绝缘电阻表串联，就可以在被测设备上得到 2500V 的直流电压。但在具体使用时应注意：第一只绝缘电阻表的对地电位已被抬高，故应将绝缘电阻表外壳对地绝缘；操作人员应采取穿戴绝缘手套等安全措施。

3-32 油浸式电力变压器绕组绝缘电阻的标准值速算

油浸式电力变压器绕组绝缘电阻的标准值见表 3-5。

表 3-5　　　　　油浸式电力变压器绕组
　　　　　　　绝缘电阻的标准值　　　　　　　MΩ

温度（℃）		10	20	30	40
高压线圈额定电压（kV）	3～10	450	300	200	130
	20～35	600	400	270	180
	60～220	1200	800	540	360
温度（℃）		50	60	70	80
高压线圈额定电压（kV）	3～10	90	60	40	25
	20～35	120	80	50	35
	60～220	240	160	100	70

得出计算口诀：

 口诀

变压器绕组绝缘，绝缘电阻表检测。

六十度为基准算，十千伏级六十兆。

三万五级八十计，六十千伏再翻番。

每降十度乘倍半，每升十度倍半除。（3-32）

说明 🔍

（1）变压器在正常运行中，为了保证安全可靠地供电，要经常对其进行监视和维护，以及时消除隐患。变压器在安装检修和预防性试验以及长期停运后，均应测试变压器绕组的绝缘电阻，测量绝缘电阻是鉴定变压器绝缘的好坏、判断变压器绕组绝缘体受潮、部件表面受潮或脏污以及内部缺陷等的有效方法之一。如各种贯穿性短路、绝缘子开裂、引出线接地、器身内有金属短路等均能有效地检验出来。

在进行绝缘电阻测量时，应依次测量各线圈的对地及各线圈之间的绝缘电阻。被测绕组引线端应短接，非被测绕组各引线端应短路接地。

测量绝缘电阻应使用电压为 1000～2500V 规格的绝缘电阻表，待指针稳定后（一般取 1min）读数。该绝缘电阻测定后，应将被测绕组接地放电。

由于变压器结构尺寸和使用绝缘材料不同，绝缘电阻的测定数值分散性很大，没有绝对的判断标准，在有关规程中也不作硬性规定。所测得的绝缘电阻值，主要是与同类变压器、同一变压器历次试验结果、大修前后及出厂试验结果等相互比较进行判断，来分析绝缘状态的。为使测量有比较性，每次测量时应维持油温、绝缘电阻表电压及施加电压时间不变。

交接时，绝缘电阻的标准值见表 3-5。大修后或运行中的绝缘电阻值，可自行规定，但须参考表 3-5 所列数据。

绝缘电阻与温度的关系很密切。当温度升高时，绝缘电阻值降低；温度降低时，绝缘电阻值增高。所以用绝缘电阻测量值去衡量变压器的绝缘状况时，需要换算到某一指定温度，才便于比较。表 3-5 所列数据是按照温度每下降 10℃，绝缘电阻约增加 1.5 倍制定的。为在现场使用方便，易记忆，特编制成速算口诀，以供读者随时随地运用。

（2）"六十度为基准算"是说油浸式电力变压器绕组绝缘电阻是以 60℃ 为基准，各种额定电压和温度时的兆欧绝缘电阻。"十千伏级六十兆，三万五级八十计，六十千伏再翻番"，即查阅表 3-5，当变压器高压绕组额定电压是 10kV，温度为 60℃ 时绝缘电阻值应不小于 60MΩ；35kV级 60℃ 时绝缘电阻值应不小于 80MΩ；60kV 级 60℃ 时绝缘电阻值应不小于 160MΩ（80×2）。"每降十度乘倍半"指以 60℃ 为基准，每降低 10℃，绝缘电阻值乘以 1.5。例如，变压器高压绕组额定电压是 10kV，温度为 60℃ 时，绝缘电阻值是 60MΩ，而 50℃ 时绝缘电阻值为 $60 \times 1.5 = 90$（MΩ）；40℃ 时绝缘电阻值为 $90 \times 1.5 = 135$（MΩ）（近似等于 130MΩ）；30℃ 时为 200MΩ；20℃ 时为 300MΩ。"每升十度倍半除"指以 60℃ 为基准，每升高 10℃，绝缘电阻值除以 1.5。例如，变压器高压绕组额定电压是 35kV，温度为 60℃ 时，绝缘电阻值是 80MΩ。70℃ 时绝缘电阻值为 $80 \div 1.5 = 53.3$（MΩ）（近似为 50MΩ）；80℃ 时为 35MΩ。

（3）实际计算时，一般要换算到 20℃ 时的绝缘电阻值。本小节口诀为了便于记忆，变压器高压绕组额定电压 3～10kV、60℃ 时绝缘电阻值正好为 60MΩ。因此，以 60℃ 时绝缘电阻值为起点，即为基准，以升、降 10℃ 为一个档次，记忆变压器绕组绝缘电阻值就比较容易了。

3-33 电力变压器的绝缘吸收比

💡 **口诀**

> 变压器绝缘优劣,绝缘电阻表测判。
> 常温二十度左右,由测量时开始计:
> 十五秒时看读数,六十秒时稳定值。
> 两绝缘电阻比值,称谓绝缘吸收比。
> 大于一点三良好,小于一点三受潮。(3-33)

🔍 **说明**

电力变压器的绝缘吸收比是判断变压器的绝缘介质优劣的重要参数,故在检修和维护变压器时需要测定变压器的绝缘吸收比。

通常人们在用绝缘电阻表测量电机、变压器的绝缘电阻(以 120r/min 的摇速测量 1min)时会发现:初时阻值较低,随着摇测时间的增加阻值也逐渐增大,最后稳定在一个数值上。这种绝缘电阻随时间而变化的现象,在技术上被称为绝缘吸收现象。绝缘吸收比,就是由测量时开始计算,经 15s 时的绝缘电阻值 $R_{15''}$(MΩ)与经 60s 时的绝缘电阻值 $R_{60''}$(MΩ)的比值,即 $R_{60''}/R_{15''}$。

当绝缘介质受潮或变质时,其 $R_{60''}/R_{15''}$ 的数值,必小于绝缘良好的 $R_{60''}/R_{15''}$ 的数值。由于它是一个相对值,所以很难明确标准。通常规定:在温度 10～30℃ 时,$R_{60''}/R_{15''} \geqslant 1.3$ 为绝缘良好,绝缘很好的变压器,其吸收比可达到 2;若比值低于 1.3,则认为绝缘有受潮现象,应进行干燥或其他技术处理。对于变压器的绝缘吸收比应分别进行测量。即不同电压等级的绕组对地以及各电压等级的绕组相互间，均应进行测量，这样可立即判断出受潮部位。

3-34　快速测判低压电动机好坏

💡 **口诀**

低压电动机好坏，打开接线盒检测。
绝缘电阻表摇测，绝缘最小电阻值。
三十五度基准八，每升十度除以二。
每低十度便乘二，读数超过才为好。
万用表拨毫安挡，电机星形连接法。
表笔任接两相头，手盘转轴慢慢转。
表针明显左右摆，三次测试结果同。
被测电机是好的，否则电机不能用。（3-34）

🔍 **说明**

用一只 500V 绝缘电阻表和一块万用表就能很快判断出某台低压三相电动机是否可用。首先，用绝缘电阻表摇测电动机定子绕组绝缘电阻值，其读数值必须大于低压电动机的最低绝缘电阻（电动机绕组在热态 75℃ 时为 0.5MΩ）。在任意温度下，低压电动机绝缘电阻的最小允许兆欧值为："三十五度基准八，每升十度除以二，每低十度便乘二"。也就是说绝缘电阻表摇测电动机绕组绝缘读数大于最小允许兆欧值，则是绝缘尚好，并且读数越大越好。然后，将万用表拨至直流电流最低量程 mA 挡（μA 挡更好）。电动机为星形连接时,用万用表红黑两表笔接触电动机接线盒内任意两相接线桩头,同时用手盘动电动机转轴,使电动机空转。在这种情况下,万用表指针左右摆动,而且三相绕组均这样两两测试,结果相同,则被测电动机就是好的,可以使用。用上述方法检测低压电动机好坏,既方便又迅速准确。

3-35 绝缘电阻表测判高压硅堆的好坏

口诀

高压硅堆的好坏,绝缘电阻表测判。

线路接地两引线,触接硅堆两极端。

摇测正反向电阻,阻值相差特大好。

两次读值很接近,被测硅堆已失效。

两次读数无穷大,硅堆内部已开路。

两次读数接近零,硅堆内击穿短路。(3-35)

说明

检测高压硅堆好坏的电路接线如图 3-24 所示。绝缘电阻表线路接线端钮 L 和接地接线端钮 E 的两引线分别连接高压硅堆的两个金属帽(两极端头),并用夹子夹紧,这时按额定转速(一般为 120r/min)摇绝缘电阻表,读出电阻值;然后改变高压硅堆的极性重测一次,再读出电阻值。若一次电阻值很大,而另一次电阻值较小,说明被测高压硅堆是好的,而且正反向电阻值相差越多越好。如果两次摇测读得的电阻值很接近,则说明被测硅堆已失效;如果

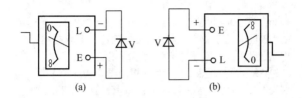

图 3-24　检测高压硅堆好坏的电路接线

(a) 正向电阻；(b) 反向电阻

两次电阻值读数都接近无穷大，则说明硅堆内部已开路；如果两次电阻值读数都接近零，则说明硅堆内部击穿短路。

3-36　绝缘电阻表测判自镇流高压水银灯好坏

💡 **口诀**

> 高压水银灯好坏，千伏绝缘电阻表。
> 线路接地两引线，连接灯头两极上。
> 汞灯置于较暗处，由慢渐快地摇测。
> 读数不足半兆欧，泡内发出光晕好。
> 灯不发光读数零，汞灯内部有短路。
> 表针指示无穷大，灯内有开路故障。(3-36)

🔍 **说明**

自镇流高压水银灯（高压汞灯）与外镇流高压水银灯的不同之处在于自镇流高压水银灯在灯泡的外泡壳内接一根钨丝，串联在回路内，起到电阻镇流的作用。所以其不需要外接电感式镇流器，故称自镇流高压水银灯。因其具有发光强、省电、耐用等优点，目前，工矿企业、广场、车站、路灯等照明已普及使用自镇流高压水银灯。但是在使用过程中，总会有一些灯泡接上电源后不能发光工作。检测高压水银灯好坏的接线示意图如图 3-25 所示。选用 1000V 的绝缘电阻表，将万用表拨至直流电压 500V 挡。两只仪表并联时极性要一致。绝缘电阻表接线端钮 L 和 E 分别接到高压水银灯的灯头螺纹极点和灯头尾极点上。

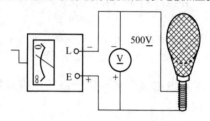

图 3-25　检测高压水银灯好坏的
接线示意图

　　检测时将高压水银灯置于较暗处，再用手慢慢摇动绝缘电阻表手柄，由慢渐快地摇测。若高压水银灯中间部分发出淡蓝色光晕（近于刚燃点时的颜色），万用表读数是 150V 左右，绝缘电阻表读数是 0.2～0.5MΩ，则说明被测高压水银灯是良好的；如果看不到光晕，则高压水银灯有故障。当绝缘电阻表指示为零时，说明水银灯内部有短路故障；当绝缘电阻表指示为无穷大时，说明水银灯内部有开路故障；当绝缘电阻表指示为几兆欧至几十兆欧时，说明被测高压水银灯已衰老失效。

　　简易检测高压水银灯好坏，可只用绝缘电阻表，两个接线端钮的两根引线分别接到灯泡的灯头两个极点上，置水银灯在较暗处，然后摇动绝缘电阻表手柄。若泡内的发光管两电极间产生较弱的放电光晕，则说明灯泡内管没有漏气，灯泡内部电路畅通，连接良好；如果不发光，则说明灯泡已损坏。

3-37 绝缘电阻表检测日光灯管的质量

💡 **口诀**

测日光灯管质量，千伏绝缘电阻表。

万用表拨电压挡，量程直流五百伏。

摇表万用表并联，极性一致量电压。

线路接地两引线，跨接灯管两端脚。

额定转速时灯亮，不足三百伏正常。

灯管稍微发亮光，三百伏以上衰老。

灯管始终不闪亮，说明灯管已损坏。(3-37)

🔍 **说明**

用绝缘电阻表和万用表快速判断日光灯管的启辉情况及衰老程度，检测日光灯管接线电路如图 3-26 所示。选用 1000V 的绝缘电阻表，将万用表拨到直流电压 500V 挡，两只仪表并联时极性要一致。绝缘电阻表线路接线端钮 L 和接地接线端钮 E 分别连接日光灯管两端灯丝中任意一脚，日光灯管两端灯丝的另一脚空置。

按图 3-26 所示电路接好线后，摇动绝缘电阻表达额定转速（一般为 120r/min）时，大约有 1000V 直流电压加在灯管两端灯丝之间，替代镇流器产生的 600～700V 电压，

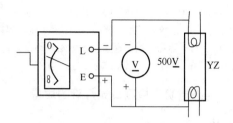

图 3-26　检测日光灯管接线电路

使灯管内的氩气电离，导致水银蒸气放电和紫外线辐射，激发管壁上的荧光粉发光。日光灯管内的气体放电时具有负阻效应，使灯管的压降降到 300V 以下。如果灯管始终不亮，说明灯管已损坏；如果稍微发光，说明灯管衰老失效。通过万用表测量的灯管端电压，便可判断其衰老程度；灯管发亮时，电压在 150~300V 为正常；电压在 300~450V 为衰老；电压高于 450V 为严重衰老。

3-38　绝缘电阻表测判日光灯的启辉器好坏

口诀

日光灯的启辉器，绝缘电阻表测判。

线路接地两引线，连接启辉器两极。

缓慢轻摇表手柄，氖泡放电闪红光。

被测启辉器良好，否则启辉器损坏。（3-38）

说明

日光灯启辉器静态时，氖泡内动、静接触片是分断的，用万用表无法测检它的好坏。可用绝缘电阻表摇测：将日光灯启辉器的两个极分别与绝缘电阻表线路接线端钮 L 和接地端钮 E 相连接，然后缓慢摇动绝缘电阻表手柄。启辉器若有红光闪动，说明启辉器是好的；否则是坏的。此法安全、迅速、准确，能为修理日光灯不亮的故障提供一种准确信息，从而节省大量的检修时间。

附录 《电工口诀（诊断篇）》

第1章 感官诊断快简便

1-1 电力变压器异常声响的判断

运行正常变压器，清晰均匀嗡嗡响。

配变声响有异常，判断故障点原因。

嗡嗡声大音调高，过载或是过电压。

间歇猛烈咯咯声，单相负载急剧增。

叮叮当当锤击声，穿心螺杆已松动。

噼噼啪啪拍掌声，铁心接地线开断。

间歇发出咻咻声，铁心接地不良症。

绕组短路较轻微，发出阵阵噼啪声。

绕组短路较严重，发出巨大轰鸣声。

高压套管有裂痕，发出高频嘶嘶声。

高压引线壳闪络，噼噼啪啪炸裂声。

低压相线有接地，老远听到轰轰响。

跌落开关分接头，接触不良吱吱响。　　(1-1)

1-2 听响声判断电冰箱的故障

电冰箱声响异常，故障原因需判断。

有放炮式嘣嘣声，故障冷藏室内找，

方形片状蒸发器，四个小螺钉松动。

压缩机正运行时，正常嗡嗡声除外，

金属管有撞击声，高压消声管断裂。

压缩机在运行时，伴有严重轰轰声，

吊气缸内三弹簧，一根断裂或脱位。　(1-2)

1-3　用半导体收音机检测电气设备局部放电

巡视变配电设备，局部放电难发现。

携带袖珍收音机，调到没有电台位。

音量开大听声响，均匀嗡嗡声正常。

倘若响声不规则，夹有很响鞭炮声，

或有很响吱吱声，附近有局部放电。

然后音量关小些，靠近设备逐台测。

复又听到鞭炮声，被测设备有故障，

该设备局部放电，发射高频电磁波。　(1-3)

1-4　运用听音棒诊断电动机常见故障

运用听音棒实听，确定电动机故障。

听到持续嚓嚓声，转子与定子碰擦。

转速变慢嗡嗡声，线圈碰壳相通地。

转速变慢吭吭声，线圈断线缺一相。

轴承室里嘘嘘声，轴承润滑油干涸。

轴承部位咯咯声，断定轴承已损坏。　(1-4)

1-5　检查木电杆杆身中空用敲击法

巡视检查木电杆，杆身四周锤敲击。

当当清脆声良好，咚咚声响身中空。　(1-5)

1-6　用根剥头绝缘导线检验发电机组轴承绝缘状况

发电机组运行时，轴承绝缘巧检验。

用根剥头绝缘线，导线一端先接地，

另端碰触旋转轴，多次轻触仔细看。

产生火花绝缘差，绝缘良好无火花。(1-6)

1-7 中性点不接地系统中单相接地故障的判断

三相电压谁最大，下相一定有故障。(1-7)

1-8 巡视检查电力电容器

巡视检查电容器，鼓肚漏油温升超。

咕咕声响不正常，内部有放电故障。(1-8)

1-9 用充放电法判断小型电容器的好坏

小型电容器好坏，充放电法粗判断。

电容两端接电源，充电大约一分钟。

用根绝缘铜导线，短接电容两电极。

火花闪亮是良好，没有火花已损坏。(1-9)

1-10 识别铅蓄电池极性

铅蓄电池两极性，正负记号看不清。

极柱颜色来区别，负极青灰正深棕。

极柱位置上识别，靠厂标牌端正极。

极柱直径不相同，正极较粗负极细。

折断锯条划极柱，质较硬的为正极。

极柱引线插红薯，线周变绿是正极。

连接极柱两导线，浸入稀硫酸溶液，

产生气泡端负极，没有气泡端正极。(1-10)

1-11 区别交、直流电动机

交流直流电动机，无铭牌时判定法。

交流电动机特征：机座上铸散热筋；

定子上看没磁极；一般没有整流子；

电机若有整流子，磁轭硅钢片叠成。

直流电动机特征：定子上看有磁极；

一般都有整流子，铸钢或软铁磁轭。(1-11)

1-12　区别绕线型、笼型三相异步电动机

三相异步电动机，绕线型笼型区别。

绕线型转子绕组，与定子绕组相似。

用绝缘导线绕制，放置在铁心槽中，

三绕组接成星形，尾端并联在一起，

首端接至滑环上，轴上装设三滑环。

鼠笼型转子绕组，与定子绕组不同。

每个转子铁心槽，嵌放一根铜铝条，

槽口处铜铝圆环，短接槽内铜铝条，

构成一导电回路，形状很像松鼠笼。(1-12)

1-13　刮火法检查蓄电池单格电池是否短路

蓄电池内部短路，多发生在一两格。

单格电池短路否，常用刮火法检查。

用根较粗铜导线，接单格电池一极，

手拿铜线另一端，迅速擦划另一极。

出现蓝白色火花，被检单格属良好。

红色火花是缺电，没有火花已短路。(1-13)

1-14　抽中相电压法检查两元件三相有功电能表

接线

　　三相三线电能表，抽中相电压检查。

　　负荷不变情况下，断开中相电压线。

　　观看电能表运转，圆盘正转慢一半，

　　唯一正确性接线，否则接线有错误。(1-14)

1-15　三相有功电能表所带实际负载的判定

　　三相有功电能表，所带负载千瓦值：

　　一分钟内盘转数，除以常数乘六十。(1-15)

1-16　家用单相电能表最大允许所带负载的判定

　　家用单相电能表，允许最大负载瓦。

　　功率因数等于一，标定电流乘系数。

　　常规电表四百四，宽负载表八百八。(1-16)

1-17　判断微安表内线圈是否断线

　　微安表线圈通断，万用表不能测判。

　　微安表后接线柱，铜铝导线短接好。

　　然后摇动微安表，同时看表头指针。

　　缓慢摆动幅度小，表内线圈则完好。

　　较快大幅度摆动，表内线圈已断线。(1-17)

1-18　根据熔丝熔断状况来分析判断故障

　　看熔丝熔断状况，判断线路内故障。

　　外露熔丝全熔爆，严重过载或短路。

　　熔丝中部断口小，正常过载时间长。

　　压接螺钉附近断，安装损伤未压紧。(1-18)

1-19　根据色环标志来识别电阻大小

成品小型电阻器，色环标称电阻值。

色环第一环确定，靠近电阻边缘环。

最末一环为偏差，倒数二环是倍数，

其余色环阻值环，表示阻值有效数。

色标颜色代表数，倍数十的次方值。

棕红橙黄绿蓝紫，一二三四五六七，

灰八白九黑为零，金一银二负倍数。(1-19)

1-20　劣质铝心绝缘线识别法

塑料绝缘铝心线，看摸芯皮识优劣。

芯线柔软银白色，劣质较硬色发乌。

外皮色艳印厂名，劣质陈旧无标识。

外皮芯线接触紧，劣质套大芯小松。(1-20)

1-21　看线径速判定常用铜铝心绝缘导线截面积

导线截面积判定，先定股数和线径。

铜铝导线单股芯，一个多点一平方，

不足个半一点五，不足两个二点五，

两个多点四平方，不足三个六平方。

多股导线七股绞，再看单股径大小，

不足个半十平方，一个半多粗十六，

两个多粗二十五，两个半粗三十五。

多股导线十九股，须看单股径多粗，

一个半是三十五，不足两个是五十，

两个多点是七十，两个半粗九十五。

多股导线三十七，单股线径先估出，

两个粗的一百二，两个多的一百五。(1-21)

1-22 数根数速判定 BXH 型橡皮花线截面积

花线截面判定法，数数铜线的根数。

一十六根零点五，二十四根点七五，

三十二根一平方，一十九根一点五。(1-22)

1-23 绝缘导线载流量的判定

绝缘铝线满载流，导线截面乘倍数。

二点五下乘以九，往上减一顺号走。

三十五乘三点五，双双成组减点五。

条件有变打折算，高温九折铜升级。

穿管根数二三四，八七六折满载流。(1-23)

1-24 直埋聚氯乙烯绝缘电力电缆载流量的判定

直埋电缆载流量，主芯截面乘倍数。

铝芯四方平乘七，往上减一顺号走。

二十五乘三点五，三十五乘整数三。

五十七十二点五，双双成组减点五。

铜芯电缆载流量，铝芯载流一点三。(1-24)

1-25 铝、铜矩形母线载流量的判定

铝排载流量估算，依厚系数乘以宽。

厚三排宽乘以十，厚四排宽乘十二。

以上厚度每增一，系数增值亦为一。

母排二三四并列，分别八七六折算。

高温直流打九折，铜排再乘一点三。

铝排载流量估算，按厚截面乘系数：(1-25a)

厚四截面积乘三，五六厚乘二点五；

厚八二倍截面积，厚十以上一点八。(1-25b)

1-26 扁钢母线载流量的判定

扁钢母线载流量，厚三截面即载流。

厚度四五六及八，截面八七六五折。

扁钢直流载流量，截面乘以一点五。(1-26)

1-27 鉴别白炽灯灯泡的好坏

白炽灯灯泡好坏，眼看手摸来鉴别。

泡圆光洁无砂眼，商品标识印字清。

玻璃灯芯不歪斜，丝钩钨丝排列均。

灯头安装不歪斜，稍用力拉不感松。(1-27)

1-28 鉴别变压器油的质量

变压器油外观看，新油通常淡黄色。

运行后呈浅红色，油质老化色变暗，

强度不同色不同，炭化严重色发黑。

试管盛油迎光看，好油透明有荧光。

没有蓝紫色反光，透明度差有杂物。

好变压器油无味，或有一点煤油味。

干燥过热焦臭味，严重老化有酸味。

油内产生过电弧，则会闻到乙炔味。(1-28)

1-29 滴水检测电动机温升

电机温升滴水测，机壳上洒几滴水。

只冒热气无声音，被测电机没过热。

冒热气时唑唑响，电机过热温升超。(1-29)

1-30　三相电动机未装转子前判定转向的简便方法

电动机转向预测，转子未装判定法。

铜丝弯曲成桶形，定子内径定桶径。

定子竖放固定妥，棉线吊桶放其中。

桶停稳后瞬通电，桶即旋转定转向。(1-30)

1-31　电动机绝缘机械强度四级判别标准

电动机绝缘优劣，机械强度来衡量。

感官诊断手指按，四级标准判别法。

手指按压无裂纹，绝缘良好有弹性。

手指按压不开裂，绝缘合格手感硬。

按时发生小裂纹，绝缘处于脆弱状。

按时发生大变形，绝缘已坏停止用。(1-31)

1-32　手感温法检测电动机温升

电动机运行温度，手感温法来检测。

手指弹试不觉烫，手背平放机壳上。

长久触及手变红，五十度左右稍热。

手可停留两三秒，六十五度为很热。

手触及后烫得很，七十五度达极热。

手刚触及难忍受，八十五度已过热。(1-32)

1-33　手摸低压熔断器熔管绝缘部位温度速判哪相熔断

低压配电屏盘上，排列多只熔断器。

手摸熔管绝缘部，烫手熔管熔体断。(1-33)

1-34　手拉电线法查找软线中间断芯故障点

单芯橡套软电线，中间断芯查找法。

双手抓住线外皮，间隔二百多毫米。

同时用力往外拉，逐段检查仔细看。

线径突然变细处，便是断芯故障点。(1-34)

第2章　测电笔验灯查判

2-1　使用低压测电笔时的正确握法

常用低压测电笔，掌握测试两握法。

钢笔式的测电笔，手掌触压金属夹。

拇指食指及中指，捏住电笔杆中部。

旋凿式的测电笔，食指按尾金属帽。

拇指中指无名指，捏紧塑料杆中部。

氖管小窗口背光，朝向自己便观察。(2-1)

2-2　使用低压测电笔时的应知应会事项

使用低压测电笔，应知应会有八项。

带圆珠笔测电笔，捏紧杆中金属箍。

细检电笔内组装，电阻须在氖管后。

定期测检电阻值，必须大于一兆欧。

旋凿式的测电笔，凿杆套上绝缘管。

用前有电处预测，检验性能是否好。

测试操作要准确，谨防笔尖触双线。

绝缘垫台上验电，人体部分须接地。

明亮光线下测试，氖管辉光不清晰。(2-2)

2-3 **测电笔测判交流电路中任意两导线是同相还是异相**

测判两线相同异，两手各持一电笔，

两脚与地相绝缘，两笔各触一根线，

两眼观看一支笔，不亮同相亮为异。 (2-3)

2-4 **测电笔区别交流电和直流电**

电笔测判交直流，交流明亮直流暗。

交流氖管通身亮，直流氖管亮一端。 (2-4)

2-5 **测电笔区别直流电正极和负极**

测判直流正负极，电笔氖管看仔细。

前端明亮是负极，后端明亮为正极。 (2-5)

2-6 **测电笔测判直流电系统正负极接地**

变电所直流系统，电笔触及不发亮。

若亮靠近笔尖端，正极有接地故障。

若亮靠近手握端，接地故障在负极。 (2-6)

2-7 **判断 380/220V 三相三线制供电线路单相接地故障**

星形接法三相线，电笔触及两根亮，

剩余一相亮度弱，该导线软接地。

若是几乎不见亮，金属性接地故障。 (2-7)

2-8 **判断星形连接三相电阻炉断相故障**

三相电炉中性点，负荷平衡不带电。

电笔触及氖管亮，判定故障是断相。 (2-8)

2-9 **判断电灯线路中性线断路**

照明电路开关合，电灯不亮电笔测。

相线中性线均亮，电源中性线断线。(2-9)

2-10　检测高压硅堆的好坏和极性

电笔串只二极管，正极接市电相线。

手捏硅堆任一端，触压电笔金属夹。

笔内氖管若发亮，手捏硅堆负极端。

笔内氖管不发亮，手捏硅堆正极端。

手捏硅堆端调换，正测反测细观察。

两次氖管均发亮，高压硅堆内短路。

两次氖管都不亮，高压硅堆内开路。(2-10)

2-11　正确使用数显感应测电笔

数显感应测电笔，正确握法测检法。

食指按笔尾顶端，拇指中指无名指，

捏塑料杆中上部，拇指兼顾按电极。

数值显示屏背光，朝向自己便观察。

拇指按直接测检，触及被测裸导体。

按感应断点测检，触及带外皮导线。

区别相线中性线，查找相线断芯点。(2-11)

2-12　检验灯校验照明安装工程

照明工程竣工后，常用检验灯校验。

断开所有灯开关，拔取相线熔体管。

熔断器上下桩头，跨接大功率验灯。

接通电源总开关，验灯串联电路里。

线路正常灯不亮，灯亮必有短路处。

排除故障再校验，直至线路无短路。

校验支路各盏灯，分别闭合灯开关。

支路短路验灯亮，断线故障灯不亮。

验灯发出暗淡光，被验灯亮则正常。

关灯校验第二盏，同理同法校各灯。(2-12)

2-13　检验灯校验单相插座

单相二百二插座，常分两孔和三孔。

两孔左中右为相，左中右相上为地。

单相二百二插座，跨接检验灯校验。

左中右相接验灯，灯亮正常则正确。

断路故障灯不亮，接触不良灯闪烁。

三孔插座加测试，右相上地灯也亮，

左中上地灯不亮，否则接线不正确。(2-13)

2-14　百瓦检验灯校验单相电能表

测校单相电能表，百瓦灯泡走一圈。

常数去除三万六，理论时间单位秒。

实测理论时间差，误差百分之二好。

实多理少走字少，实少理多走字多。(2-14)

2-15　灯泡核相法检查三相四线电能表接线

三相四线电能表，接线检查核相法。

两盏检验灯串联，两引出线跨触点：

某元件电压端子，该相电流电源线。

灯亮说明接错线，电压电流不同相。

接线正确灯不亮，电压电流是同相。(2-15)

2-16 检验灯检测单相电能表相线与中性线颠倒

国产单相电能表，一进一出式接线。

验灯两条引出线，一个线头先接地，

另头触及表端子，右边进线和出线。

接线正确灯不亮，灯亮相零线颠倒。(2-16)

2-17 检验灯检测日光灯管的好坏

日光灯管之好坏，检验灯检测判定。

灯管端脚串验灯，跨接二百二电源。

灯亮灯管有辉光，被测灯管端尚好。

灯管无辉光管端，灯丝电子消耗尽。

反复触及灯不亮，管端灯丝已断路。(2-17)

2-18 检验灯检测日光灯的镇流器好坏

日光灯显不正常，检测镇流器好坏。

镇流器串检验灯，跨接二百二电源。

灯光暗淡红橙色，镇流器内无故障。

亮近正常有短路，不亮断线或脱焊。(2-18)

2-19 检验灯检测螺口灯头的接线状况

螺口灯头的接线，应用检验灯检测。

正常通电情况下，单极开关未闭合。

验灯两条引出线，一头触及接地线，

另一头触及灯泡，金属螺纹外露处。

接线正确灯不亮。灯亮说明接线错：

验灯亮度达正常，中心电极接零线；

亮度不达正常时，中心电极接火线；

错误接线相同处，开关串接零线中。(2-19)

2-20　检验灯测判电源变压器绕组有无匝间短路

电源变压器绕组，匝间短路较难判。

二次绕组断负荷，一次绕组串验灯。

跨接二百二电源，匝间短路灯较亮。

灯丝微红不发亮，绕组正常无短路。(2-20)

2-21　检验灯检测低压电动机的绝缘状况

低压电动机绝缘，检验灯粗略检测。

控制电机接触器，验灯跨触上下侧。

灯泡一点也不亮，电动机绝缘尚好。

灯丝微红轻损坏，亮度正常严重坏。(2-21)

2-22　检验灯检测低压三相电动机电源断相运行

电动机断相运行，检验灯逐相检测。

接通电源接触器，或熔断器上下侧。

验灯跨触灯不亮，被测电源相正常

灯丝发红亮暗光，触头烧毛熔丝断。(2-22)

2-23　检验灯监测封闭式三相电热器电阻丝烧断故障

封闭三相电热器，电阻丝烧断监测。

星形接法中性点，接地线间接验灯。

三相电阻丝正常，验灯一点也不亮。

灯丝发红暗淡亮，一相电阻丝烧断。

灯泡亮度达正常，两相电阻丝烧断。(2-23)

2-24　检验灯判别静电与漏电

设备外壳电笔测，氖管发亮有电压。

带电部位大地间，跨接验灯来判断。

验灯不亮是静电，灯亮不熄为漏电。(2-24)

第3章 有的放矢表测判

3-1 正确使用万用表

正确使用万用表，用前须熟悉表盘。

两个零位调节器，轻轻旋动调零位。

正确选择接线柱，红黑表笔插对孔。

转换开关旋拨挡，挡位选择要正确。

合理选择量程挡，测量读数才精确。

看准量程刻度线，垂视表面读数准。

测量完毕拔表笔，开关旋于高压挡。

表内电池常检查，变质会漏电解液。

用存仪表环境好，无振不潮磁场弱。 (3-1)

3-2 正确运用万用表的欧姆挡

正确运用欧姆挡，应知应会有八项。

电池电压要富足，被测电路无电压。

选择合适倍率挡，针指刻度尺中段。

每次更换倍率挡，须重调节电阻零。

笔尖测点接触良，测物笔端手不碰。

测量电路线通断，千欧以上量程挡。

判测二极管元件，倍率不同阻不同。

测试变压器绕组，手若碰触感麻电。 (3-2)

3-3　万用表测量电压时注意事项

用万用表测电压，注意事项有八项。

清楚表内阻大小，一定要有人监护。

被测电路表并联，带电不能换量程。

测量直流电压时，搞清电路正负极。

测感抗电路电压，期间不能断电源。

测试千伏高电压，须用专用表笔线。

感应电对地电压，量程不同值差大。　　（3-3）

3-4　万用表测量直流电流的方法

用万用表测电流，开关拨至毫安挡。

确定电路正负极，表计串联电路中。

选择较大量程挡，减小对电路影响。　　（3-4）

3-5　直流法判别三相电动机定子绕组的首、尾端

三相电动机绕组，首尾直流法判断。

万用表拨毫安挡，直流电源干电池。

一相绕组接仪表，另相绕组触电池。

通电瞬间表针转，反转正极都是首。

若不反转换接线，余相绕组同法判。　　（3-5）

3-6　剩磁法判别三相电动机定子绕组的首、尾端

运转过的电动机，首尾剩磁法判断。

三相绕组出线头，做好标记后并联。

万用表拨毫安挡，跨接并联公共点。

慢慢盘动电机轴，同时观看仪表针。

指针无明显摆动，三首三尾各并连。

指针向左右摆动，二首一尾并一端。

一相绕组调换头，再用同法来测辨。

直至表针不摆动，首尾分别并一端。　（3-6）

3-7　环流法判别三相电动机定子绕组的首、尾端

运转过的电动机，首尾环流法判断。

三相绕组出线头，互串接成三角形。

万用表拨毫安挡，串接三相绕组中。

均匀盘转电机轴，同时观看仪表针。

指针基本不摆动，绕组首尾相连接。

指针摆动幅度大，一相绕组头颠倒。

两连接点两线头，都是首端或尾端。　（3-7）

3-8　万用表测判三相电动机转速

三相电动机转速，运用万用表测判。

打开电机接线盒，拆除接线柱连片。

万用表拨毫安挡，跨接任一相绕组。

盘动转子转一周，观看指针摆几次。

二极电机摆一次，同步转速三千整。

四极电机摆两次，同步转速一千五。

以此类推判转速，转速略低同步速。　（3-8）

3-9　检测家庭装设接地保护线的接地电阻

家庭装设接地线，测试接地电阻值。

万用表拨电压挡，千瓦电炉接相零。

测得电炉端电压，算出工作电流值。

电炉改接相地线，再测电炉端电压。

两次端电压数差，除以工作电流值。

商数接地电阻值，约百分之五误差。 (3-9)

3-10　识别低压交流电源的相线和中性线

低压三相四线制，电源相线中性线。

万用表拨电压挡，量程交流二百五。

一笔连接接地点，另笔触及电源线。

指针偏转弧度大，表笔触的是相线。

表针不动略偏转，表笔触及中性线。(3-10)

3-11　测判晶体二极管极性和好坏

测判二极管极性，万用表拨千欧挡。

测得阻值小千欧，二极管正向电阻。

黑笔触接管正极，红笔触接管负极。

测得阻值数万欧，二极管反向电阻。

红笔触接管正极，黑笔触接管负极。

测判二极管好坏，万用表拨千欧挡。

正反阻值相差大，差值越大越为好。

正反阻值较接近，被测管子已失效。

正反阻值均为零，管子两极间短路。

正反阻值无穷大，管子内部已开路。(3-11)

3-12　检测高压硅堆的好坏

检查硅堆之好坏，万用表拨电压挡。

硅堆万用表串联，跨接交流二百二。

量程直流二百五，将硅堆正向接入。

大于三十伏合格，表针不动有故障。

量程交流二百五，读数二百二短路。

表针不动读数零，硅堆内部已开路。(3-12)

3-13　测判电容器好坏

微法容量电容器，测判好坏很简便。

万用表拨千欧挡，红黑表笔接两极。

表针右左摆一次，幅度越大越良好。

表针根本不摆动，被测电容内断路。

表针到零不返回，被测电容已击穿。(3-13)

3-14　数字万用表蜂鸣器挡检测电解电容器质量

电解电容器质量，数字万用表检测。

开关拨到蜂鸣器，红黑笔触正负极。

一阵短促蜂鸣声，声停溢出符号显。

蜂鸣器响时间长，电容器容量越大。

若蜂鸣器一直响，被测电容器短路。

若蜂鸣器不发声，电容器内部断路。(3-14)

3-15　使用钳形电流表时应遵守的安全规程

使用钳形电流表，安全规程要记牢。

高压回路上测试，必须由两人进行。

被测导线的电位，不超钳表电压级。

操作必须戴手套，站在绝缘台垫上。

人体头部带电体，保持足够安全距。

测量低压母线流，绝缘隔板加包护。

绝缘不良或裸线，严禁使用钳表测。(3-15)

3-16　正确使用钳形电流表

运用钳形电流表，型号规格选适当。

最大量程上粗测，合理选择量程挡。

钳口中央置导线，动静铁心吻合好。

钳口套入导线后，带电不能换量程。

钳形电流电压表，电流电压分别测。

照明线路两根线，不宜同时入钳口。

钳表每次测试完，量程拨至最大挡。(3-16)

3-17 钳形电流表测量三相三线电流的技巧

运用钳形电流表，测三相三线电流。

基尔霍夫一定律，得出测量一技巧。

钳口套入一根线，读数该相电流值。

钳口套入两根线，读数第三相电流。

钳口套入三根线，负荷平衡读数零。(3-17)

3-18 钳形电流表测量交流小电流技巧

运用钳形电流表，测量交流小电流。

被测负载绝缘线，钳口铁心上绕圈。

读数除以匝加一，则得真正电流值。(3-18)

3-19 检测星形连接三相电阻炉断相故障

三相电阻炉断相，钳形电流表检测。

两根相线电流值，均小于额定电流。

一根相线电流零，该相电阻丝烧断。(3-19)

3-20 查找低压配电线路短路接地故障点

低压配电线路长，短路接地点难查。

故障相线串电炉，单控开关接电源。

运用钳形电流表，线路逐段测电流。

有无电流分界处，便是短路接地点。(3-20)

3-21 检测晶闸管整流装置

晶闸管整流装置，钳形电流表检测。

钳套阳极连接线，观看表头电流数。

表头指示电流零，被测元件未工作。

三相元件电流值，基本平衡属正常。

电流严重不平衡，元件移相不一致。

交流部分有故障，整流变压器缺相。(3-21)

3-22 测知配电变压器二次侧电流，判定其所载负荷容量

已知配变二次压，测得电流求千瓦。

电压等级四百伏，一安零点六千瓦。

电压等级三千伏，一安四点五千瓦。

电压等级六千伏，一安整数九千瓦。

电压等级十千伏，一安一十五千瓦。

电压等级三万五，一安五十五千瓦。 (3-22)

3-23 测知无铭牌 380V 单相焊接变压器的空载电流，判定其额定容量

三百八焊机容量，空载电流乘以五。(3-23)

3-24 测知三相电动机的空载电流，判定其额定容量

无铭牌电机容量：测得空载电流值。

乘十除以八求算，近靠等级千瓦数。(3-24)

3-25　测知白炽灯照明线路电流，判定其负荷容量

照明电压二百二，一安二百二十瓦。　　(3-25)

3-26　测判用户跨相窃电

用户单相电能表，计量偏少或不走。

电能表处前或后，钳形电流表检测。

钳套相线中性线，表头指示不为零。

相线中性线各测，电流读数差别大。

则判定跨相窃电，一相一地式偷电。(3-26)

3-27　使用绝缘电阻表测量绝缘时应遵守的安全规程

使用绝缘电阻表，安全规程要遵守。

测量高压设备时，必须由两人进行。

被测设备全停电，并进行充分放电。

测量线路绝缘时，应取得对方允许。

双回路线都停电，禁止雷电时测量。

带电设备附近测，人表位置选适当。

保持足够安全距，注意监护防触电。(3-27)

3-28　正确使用绝缘电阻表

使用绝缘电阻表，电压等级选适当。

测前设备全停电，并进行充分放电。

被测设备擦干净，表面清洁无污垢。

放表位置选适当，远离电场和磁场。

水平放置不倾斜，开路短路两试验。

两色单芯软引线，互不缠绕绝缘好。

接线端钮识别清，测试接线接正确。

摇把摇动顺时针，转速逐渐达恒定。

摇测时间没定数，指针稳定记读数。(3-28)

3-29　使用绝缘电阻表检测应注意事项

绝缘电阻表检测，八项注意要牢记。

测试期间接线钮，千万不可用手摸。

表头玻璃落灰尘，摇测过程不能擦。

测设备对地绝缘，接地端钮接外壳。

摇测容性大设备，额定转速下触离。

检测电解电容器，接地端钮接正极。

同台设备历次测，最好使用同只表。

摇测设备绝缘时，记下测量时温度。

不测百千欧电阻，更不宜做通表用。(3-29)

3-30　串接二极管阻止被测设备对绝缘电阻表放电

绝缘电阻表端钮，串接晶体二极管。

摇测容性大设备，阻止设备放电流。

消除表针左右摆，确保读数看准确。

测量完毕停摇转，仪表也不会损坏。(3-30)

3-31　提高绝缘电阻表端电压的方法

低压绝缘电阻表，串联起来测绝缘。

串联电压级叠加，绝缘电阻读数和。(3-31)

3-32　油浸式电力变压器绕组绝缘电阻的标准值

速算

变压器绕组绝缘，绝缘电阻表检测。

六十度为基准算，十千伏级六十兆。

三万五级八十计，六十千伏再翻番。

每降十度乘倍半，每升十度倍半除。(3-32)

3-33 电力变压器的绝缘吸收比

变压器绝缘优劣，绝缘电阻表测判。

常温二十度左右，由测量时开始计：

十五秒时看读数，六十秒时稳定值。

两绝缘电阻比值，称谓绝缘吸收比。

大于一点三良好，小于一点三受潮。(3-33)

3-34 快速测判低压电动机好坏

低压电动机好坏，打开接线盒检测。

绝缘电阻表摇测，绝缘最小电阻值。

三十五度基准八，每升十度除以二。

每低十度便乘二，读数超过才为好。

万用表拨毫安挡，电机星形连接法。

表笔任接两相头，手盘转轴慢慢转。

表针明显左右摆，三次测试结果同。

被测电机是好的，否则电机不能用。(3-34)

3-35 绝缘电阻表测判高压硅堆的好坏

高压硅堆的好坏，绝缘电阻表测判。

线路接地两引线，触接硅堆两极端。

摇测正反向电阻，阻值相差特大好。

两次读值很接近，被测硅堆已失效。

两次读数无穷大，硅堆内部已开路。

两次读数接近零，硅堆内击穿短路。(3-35)

3-36　绝缘电阻表测判自镇流高压水银灯好坏

高压水银灯好坏，千伏绝缘电阻表。

线路接地两引线，连接灯头两极上。

汞灯置于较暗处，由慢渐快地摇测。

读数不足半兆欧，泡内发出光晕好。

灯不发光读数零，汞灯内部有短路。

表针指示无穷大，灯内有开路故障。(3-36)

3-37　绝缘电阻表检测日光灯管的质量

测日光灯管质量，千伏绝缘电阻表。

万用表拨电压挡，量程直流五百伏。

摇表万用表并联，极性一致量电压。

线路接地两引线，跨接灯管两端脚。

额定转速时灯亮，不足三百伏正常。

灯管稍微发亮光，三百伏以上衰老。

灯管始终不闪亮，说明灯管已损坏。(3-37)

3-38　绝缘电阻表测判日光灯的启辉器好坏

日光灯的启辉器，绝缘电阻表测判。

线路接地两引线，连接启辉器两极。

缓慢轻摇表手柄，氖泡放电闪红光。

被测启辉器良好，否则启辉器损坏。(3-38)